U0265168

价值流动

数字化场景下软件研发效能与业务敏捷的关键

[加] 米克·科斯腾（Mik Kersten） 著

张乐 姚冬 李淳 吴非 译

清华大学出版社

北京

内 容 简 介

本书聚焦于传统项目管理模式的误区和问题，强调了以产品为导向的管理模式，同时基于丰富的案例创造性地提出了流框架，这是一种观察、度量和管理软件交付的新方法。流框架可以帮助公司从面向项目的管理模式转变为软件时代以产品为中心的创新管理模式，从度量驱动软件效能提升以及在组织在不同层面驱动变革的角度，提供了数字化转型成功落地的一种新的思路。

北京市版权局著作权合同登记号　图字：01-2022-3090

图书在版编目（CIP）数据

价值流动：数字化场景下软件研发效能与业务敏捷的关键 / (加) 米克・科斯腾 (Mik Kersten) 著；张乐等译. 一北京：清华大学出版社，2022.9 (2022.11重印)
书名原文：Project to Product: How to Survive and Thrive in the Age of Digital Disruption with the Flow Framework

ISBN 978-7-302-61418-0

Ⅰ. ①价…　Ⅱ. ①米… ②张…　Ⅲ. ①软件开发　Ⅳ. ①TP311.52

中国版本图书馆CIP数据核字（2022）第136440号

责任编辑：文开琪
封面设计：李　坤
责任校对：周剑云
责任印制：丛怀宇
出版发行：清华大学出版社
　网　　址：http://www.tup.com.cn, http://www.wqbook.com
　地　　址：北京清华大学学研大厦A座　邮　　编：100084
　社 总 机：010-83470000　邮　　购：010-62786544
　投稿与读者服务：010-62776969, c-service@tup.tsinghua.edu.cn
　质量反馈：010-62772015, zhiliang@tup.tsinghua.edu.cn
印 装 者：三河市东方印刷有限公司
经　　销：全国新华书店
开　　本：160mm×230mm　印　　张：18　字　　数：372千字
(附赠全彩不干胶贴纸)
版　　次：2022年9月第1版　印　　次：2022年11月第2次印刷
定　　价：99.00元

产品编号：091550-01

感谢我的母亲，她造就了今天的我，

还有我的父亲，他教会了我如何成为更好的自己。

推荐序：三个顿悟，一种新的思考和工作方式

吉恩·金（Gene Kim）

一部伟大的作品，其标志不只是揭示陈旧的世界观错在哪里，还能以一种既简单又能更好反映现实的世界观取而代之。从哥白尼到牛顿，物理学的转变一直是代表这种突破性的范例。我相信，《价值流动》为我们提供了一种新的思考方式并进而带来了新的工作方式。

在当下的商业环境中，数字化颠覆的威胁无处不在，公司原来的计划和执行方式似乎已经失灵。几十年来，专家们一直在寻求一种有效的技术管理方法来实现业务目标，因为当前技术管理方法所存在的一些根本性错误，已经造成了相当糟糕的结果。

《价值流动》这本书充分证明：在软件时代，为我们服务了一百多年的传统管理方法已经走到了尽头，项目管理将技术作为成本中心来进行管理，所以传统的外包策略以及对软件架构的依赖被当作了提高研发效能的主要手段。更棒的是，除了指出问题，本书提供了一个极好的框架来取代老一套方法，即流框架（Flow Framework）。

通过本书，你将了解到一个组织如何花十多亿美元做一开始就注定了败局的技术转型，而根本原因是试图解决的是错误的问题。通过本书，你将了解到一些增长最快的公司如何因为忽略技术债务而走向衰微，而这些技术债务是他们为快速交付产品而走捷径时累积起来的，比如，书中提到诺基亚的大规模敏捷转型，最终也无法阻止其走向衰败。

米克·科斯腾（Mik Kersten）博士带来了一种新的视角，虽然获得了软件工程博士学位，但他却未能从中找到能显著提升研发效能的

方法。只有改变整个业务价值流中的团队协作方式，才能提高生产力，这是 DevOps 社区中许多人共同的顿悟。

米克在 Eclipse 生态中围绕着 Mylyn 构建了一个面向数百万 Java 开发人员的大型开源软件社区，这段经历给他带来了另一个视角。作为一家软件公司的创始人和首席执行官，他对业务、产品和工程领导高效合作的能力有着深刻透彻的理解，这决定着一家公司的生死存亡。

科斯腾博士的职业经历将带领大家重温他的三大顿悟，《凤凰项目》的粉丝们会特别喜欢米克所说的他从“大规模生产时代的巅峰”（宝马莱比锡工厂）中所学到的东西以及软件行业可以从中吸取的深刻教训。

《价值流动》这本书是一个不可思议的成就。科斯腾博士提供了一种更好的方法来思考业务与技术如何共创价值，同时他还提供了流框架供领导们一起计划和执行、为客户进行创新并赢得市场。颠覆，而不是被颠覆。在即将到来的软件时代展开期，可能会涌现出相当于经济大灭绝的事件，要生存，必须具备相应的能力。

每隔十年，都会有几本书真正改变我的世界观。你可以分辨出具体都是些什么书，因为超过三分之一的书页都有书签，表明我觉得这里有真正很重要的“顿悟时刻”或者提醒我回头再深入学习。

《价值流动》就是这样的一本书。

我希望你也能像我一样发现它的价值，人生从此有了转变。

推荐序：以客户为中心，核心在于价值交付

时间一晃，我已经在华为工作了 16 年，期间经历过软件开发、系统工程师、项目经理、团队 Leader、部门主管、CTO 和产品总经理等多个岗位，团队规模也从几人、几百人一直到上千人，研发模式涵盖嵌入式产品、CMMI、敏捷、DevOps 等，因而我对软件的复杂度、软件研发以及高水平公司如何对研发能力的挑战有着深刻的认识。

在华为的核心价值观中，“以客户为中心”居于首位，与此同时，华为作为一家企业，也要遵循商业的本质，两者的结合点，就是价值交付。如何为客户交付价值，如何交付客户需要的价值，如何更快更好地为客户交付价值，如何可持续地为客户交付价值，这些都是价值流管理的问题，也是研发效能需要聚焦并着手解决的问题。

华为在 1999 年引入了 IPD 的变革。从大版本上讲，华为的第一次 IPD 变革是从游击战到正规战，从个人英雄主义做产品，到基于流程和管理体系做产品。IPD 2.0 是华为公司第二次 IPD 变革，要使得整个研发领域，特别是软件能力及整个产品生命周期管理等方面有一个全面的提升，重新优化整个 IPD 流程和管理体系，使得华为公司能够真正基于流程和管理体系来打造安全可信、高质量的产品。

IPD 经过了 20 多年的演进，是灵活发展的，不断在与时俱进。华为的 IPD，在不断吸纳业界最佳实践和解决业务问题的过程中，也不断地完善和丰富了 IPD 对各种业务场景的支持。

IPD 1.0 实现了产品研发的从偶然到必然，解决了持续交付价值以适应市场竞争的问题。华为在还处于跟随战略时，将产品的研发从偶

然性的成功尽可能变为必然性的成功。IPD 2.0 则是实现从不可能到可能，在无人区实现领跑，支撑公司产业规模目标的达成。

IPD 的本质是从机会到商业变现，通过市场导向的创新来实现商业成功。IPD 首先是一个商业流程，关注商业结果，将产品开发作为一项投资进行管理。通过组合管理对投资机会进行优先级排序，确定投资开发的产品，并在产品开发的每一个阶段，从商业视角而不只是技术和研发的视角对产品开发进行财务指标、市场、技术等方面的评估，确保产品投资回报的实现。立足于客户与产业视角，以牵引实现最终的商业成功为目标，持续思考产业方向、产业链、生态圈、商业模式等问题，把握方向和节奏，合理布局资源，构建最佳组合竞争力。

华为通过 IPD，实现了从项目到产品，进而从以单产品 / 版本为核心的单业务管理模式，转变为以产业为核心的多业务管理模式，实现从“只管生”到“管生、养、死”全生命周期视角的转变，实现了以产业视角的洞察来驱动产业规划、引领投资聚焦和提升组合竞争力。

IPD 的核心框架是，以客户需求和技术创新双轮驱动，通过“做正确的事”并“把事情做正确”来实现商业成功。客户需求是根，技术创新是使能器。5G、云计算、人工智能、量子计算等技术创新将成为技术加速器，而如何有效且快速地采纳这些能力来使能业务，更是企业的核心竞争力。企业在数字化时代的适应性越来越依赖于软件，而安全、快速地提供有弹性的软件能力是一种竞争优势。将软件交付时间从以年 / 月为单位，转变为以小时 / 分钟为目标，将需要对战略、流程、技术、平台、协调、能力等多方面进行重大变革。

数字化浪潮之下，万物数字化已成为必然趋势，未来每一家企业都将是软件企业。以软件高速迭代为特征的高频竞争时代已经到来，敏捷将成为企业应对竞争的制胜因素。未来的企业只有快速响应市场的瞬时变化和加速应用迭代创新，才能形成差异化竞争力，进而适应、跟随甚至引领数字时代。如何快速感知用户的多元需求？如何加速应用敏捷提升产品的供给力以在日益激烈的竞争环境中获取优势身位？这些都是企业需要思考的主要问题。

我认为，应用现代化是以软件的敏捷交付为导向（基础）来实现贯穿基础设施到应用的认知重塑、架构升级和技术跃迁。应用现代化需要从底层基础设施、技术架构、研运管理、统一治理等视角出发，构建自下而上完整的敏捷链路，从而赋予企业实时洞察与快速响应个性化、场景化、定制化需求的能力。应用现代化自上而下包括以下四个方面。

- 基础设施现代化，节约成本以减轻用户使用的心智负担。通过传统设施的云原生化改造，实现基础设施的高可用与弹性，降低运维成本，把开发运维人员从重复繁琐的资源调配中解放出来，投入到有益于业务发展的工作中。
- 架构设计现代化，解耦可复用功能与业务逻辑。通过改造应用架构，使用微服务架构、Serverless（无服务器）架构等技术，将应用拆分为能独立快速发布的不同模块，使开发运维人员能聚焦于应用和创新工作。
- 开发运维现代化，提升研运过程的自动化与安全性。通过建立以 DevSecOps 为代表的开发运维安全一体化能力，让发布跟上开发的速度，让安全内置于开发运维中。
- 治理运营现代化，整合全域新老资产以推动架构的演进。通过全域融合集成、应用资产统一治理运营等技术实现应用的治理运营现代化，构建可平滑演进的应用架构，实现新老资产的价值最大化。

本书的理念，与华为30余年的产品理念高度一致，作者开创性地提出了流框架，将研发工具、研发过程、研发工件与研发交付价值良好地结合在一起，勾勒出一幅价值交付的全景视图。

本书以宝马工厂之旅为引子，将研发理念与实践和工厂生产流程相结合，深入浅出的同时又引人入胜。以宝马为代表的汽车厂商是工业化大规模生产时代的翘楚，在数字化时代又开始了新的探索和尝试，所取得的成就令人钦佩，也让在华为工作多年的我颇有共鸣。

十分有幸可以参与当下的数字化浪潮，感谢译者团队的辛苦付出，使得这样一本经典之作能够呈现在国人面前。我很荣幸受邀为本书作序，在此与各位共勉！

寇明锐

华为云计算软件开发云总经理

推荐序：做数字化时代的效能黑客

数字化时代正加速到来。

未来，一切业务都将数字化，产品技术与业务的关系也将被重构。它体现在三个方面：

- 所有业务都将运行在数字产品之上，业务进化高度依赖数字产品；
- 数字产品交付和迭代的速度和有效性，直接制约或促进业务的创新和发展；
- 数字产品以及相关数据，成为组织最核心和长期的资产。

在以上因素的共同作用下，产品技术成为业务的核心，其交付效能关系业务的生存和发展。然而，一方面是业务对产品技术交付效能的渴求；另一方面，产品链路、技术应用、组织协同的复杂性持续加大，产品技术的效能提高，甚至维持都越来越困难。

业务对效能的高要求 vs. 产品技术效能的下降趋势，这是数字化时代产品研发面临的核心矛盾。为破解这一棘手的矛盾，我们呼唤产品研发效能中的黑客精神。

一个效能“黑客”应该像技术黑客一样。他热爱要解决的问题；深刻理解所面对的复杂系统；在工具箱中为解决问题准备丰富且实用的工具；可以找到撬动性的方案，干净利落地解决问题。

本书的作者就是这样一位效能“黑客”。他设计的效能解决方案是“从项目到产品”（Project to Product）”，这也正是本书英文版的书名。

从项目到产品是思维范式的转换，体现为以下几个方面：

- 从把产品技术看作成本中心，以按时和按预算交付来衡量成功，到把产品技术看作利润中心，以业务目标和结果的达成来衡量成功；
- 从把人作为资源分配到预先确定的工作（项目范围）上，到把工作（业务需求）分配到稳定的价值交付团队；
- 从按计划交付预先确定内容，到建立反馈闭环持续探索并发现价值；
- 从关注项目一次性的执行结果，到关注产品的长期演进以及资产沉淀和应用。

“从项目到产品”，这样的转变更需要实践方法的支撑。本书给出了系统的实践和实施方法，这也是作者作为效能黑客的“工具箱”。

首先，本书引入了“流（动）框架”。与敏捷和 DevOps 等偏向技术性的语言和实践体系不同，流框架是连接业务战略与技术交付的桥梁，它让产品技术与业务有了共同的关注——向客户加速交付业务价值，并建立有效的反馈环路。作者基于精益思想，为流框架的实施提供了实用的参考和案例。

其次，以流框架为基础，本书定义了一套价值流动指标，用它来跟踪软件交付中的业务价值流，包括价值项的分布、流动速率、流动响应时长、负载状况等。这些指标的共同特点是，它们都是外部性的，可以被系统地关联到业务结果。对如何设计、收集、呈现和应用这些指标，本书都给出了实践性的指导。

最后，也是最重要的，不管是流框架还是流动指标体系，都需要在具体场景中落地，才能发挥实效。本书提供了一系列实践指南，帮助组织在现有的组织结构和工具体系上，连接业务和技术交付。其结果则是构建起数字化的价值网络，通过这一网络，实现业务价值的流动、反馈和持续学习。

数字化时代，产品技术的效能将是一个长期的挑战。面对这一挑战，昨天的理念和方法，无法成为今天问题的解决方案。我们需要有迎难而上的决心，更需要有突破既有框架的勇气，以及把它们转化为有效行动的智慧。

做数字化时代的效能黑客，本书为突破既有的框架提供了系统性启发，更为在具体场景下落地提供了实用的指导。

何 勉

代表作《精益产品开发：原则、方法与实施》

推荐序：价值流动与数字 CEC 指标体系

第一次读到这本书的原版是在 2019 年底，恰逢中国电子信息产业集团（CEC）成立 30 周年。当时鉴于新形势的要求，集团党组提出建设“数字 CEC”，要通过数字化转型，实现体系性变革。这本书给了我们很多启发，借鉴书中“价值流指标”这一部分兼顾理论化和体系化的内容，我们建立了“数字 CEC”指标体系，用于更准确地评价数字化转型的效果，更聚焦于价值创造，更好地打造产品并服务客户。

中国电子信息产业集团有限公司已经连续 12 年跻身于《财富》世界 500 强，一直秉承“建设网络强国、链接幸福世界”的企业使命，成功突破了高端通用芯片和操作系统等关键核心技术，构建了兼容移动生态、与国际主流架构比肩的安全先进绿色的 PKS 自主计算体系和最具活力与朝气的应用生态与产业共同体，正在加快打造国家网信产业核心力量和组织平台。中国电子在不断改进完善自身企业数字化能力的同时，也在积极地布局数字化产品。从基于 PKS 架构的电脑整机、操作系统、数据库到网络安全、云计算及各类核心应用，全方位打造数字化产品“工件网络”，使能中国数字化转型，这正好与该书英文书名“项目到产品”不谋而合。

本书以汽车制造业为背景，阐述了价值流从实践到指标、从度量到管理的全过程，并提出了一套覆盖端到端视角的流框架。通过流框架，我们可以基于企业特性，构建价值流指标、价值流网络、工件网络和工具网络。这不仅可以帮助企业改善经营状况并获取更多商业价值，还可以助力数字化从业者审视企业数字化全景，进而推动整个社会的数字化进程。这是大型企业数字化转型领军人物值得借鉴和参考的一种管理实践，有助于我们聚焦于端到端的结果。

如今，本书有了翻译版，希望本书能够给数字化从业者带来新的视角和启发，书中诸多理念已经内化到 CEC 数字化转型工作的方方面面，我们受益匪浅，特此为序，与广大同行者共勉。

唐 路
中国电子信息产业集团运营管理部副主任

推荐序：DevOps 价值流动管理如何落地

大概三年前，我有幸读到《价值流动》的原版，并把它强烈推荐给了我周围的 DevOps 从业者。如今，这本书终于有了中文翻译版，将给更多的读者带来不一样的启示——正如我初次见到它一样。

首先值得一提的是价值流动的视角变化。正如原书书名“Project to Product”所言，研发组织的持续改进可以从“产品”视角出发，而不仅仅是“项目”视角。产品只有生命周期，没有项目那样的起始点。产品是有价值属性的，而项目更偏向成本属性。产品是从想法开始，一直延伸到产品运营，对成果（outcome）负责；而项目是从软件需求开始，到上线结束，对产出（output）负责，遵从的是 PMBOK。产品可以是若干个项目的合集，是真正完整流动的“活”的概念，而项目是冷冰冰的，含有强烈的“赶工”的意味，只要按时按量交付，就算是“成功”。

在我以往的创业经历中，这本书给予了我很大的启发。我带领团队在 DevOps 领域耕耘五年多，从自动化的工程域 CI/CD/CT，到支撑快速创新的敏捷实践，以及站在应用生命周期视角来实现跨项目、跨团队管理的 ALM，深切感受到软件研发工具的全景图非常宽广，涉及管理、工程、自动化等。我常常在想，软件研发是不是也可以像汽车或者手机生产线那样实现工业化？同时，几年前，我们的客户也开始要求“一体化研发效能平台”，需求管理、项目管理、代码配置、CI/CD/CT 甚至监控运维等各种工具全部集成在一起，客户的思维逐渐开始从工具的单点最佳转变为全局优化，这进一步促使我们去思考如何才能实现“1+1 大于 2”，其中的两个 1 便是代码前和代码后两段属性截然不同的价值流。《价值流动》这本书给出了让我欣喜的答案，显然可以解决工业制造的精益管理价值流落地于软件研发场景中的实际困难。我记得我当时花两个晚上读完了这本书，如久旱逢甘霖，也坚定了我们团队未来十年的产品战略方向——紧跟数字化的浪潮，打造基于产品视角的 DevOps VSM（价值流交付和管理平台），这也是我们创办云加速的缘起。

书中非常清晰地给出了软件价值流实践所需要的基础理论框架——流框架（Flow Framework）。该框架包括三大模型（即集成模型、活动模型和产品模型），完成了两层映射（从数据到活动以及从活动到产品）。集成模型向下对接各种单点最佳（best of breed）工具，产品模型向上衍生出四大流动度量指标（流动时间、流动速度、流动效率和流动负载）和四类业务成果（价值、成本、质量、幸福度），从不同的角度来识别产品或者需求在研发过程中价值流的流动情况。同时，流框架还定义了软件研发中的活动或者事项的四种属性（特性、缺陷、风险、债务），从而利用第五大流度量指标流分布来辨识产品研发价值流中不同属性的工作的分布，直观地帮助产品经理或者组织识别价值本身。上述五大价值流指标，在实现“车同轨书同文”的基础上生动、完美、实时地描绘了一个数字化产品故事，让有生命的产品不仅有关于价值流动的实时“体检报告”，还可以指引产品不断完善并提升健康活力！

有兴趣的读者，一定想要继续翻页深入阅读这本书了。恭喜您，一定会开卷有益的！DevOps 价值流管理，是 DevOps 工具地图中的新赛道，也是一个提供“上帝视角”的管理实践，是让 IT 和业务不再分割的利器，更是实现 BizDevOps 的不二法门。

王 勇

云加速创始人兼 CEO

推荐序：如何更好地走向数字化未来

非常高兴看到《价值流动：数字化场景下软件研发效能与业务敏捷的关键》的出版。

拿到这本书的时候，恰逢光大科技启动产品化的重要进程。光大科技是光大集团的金融科技子公司，肩负着科技赋能和推动数字化转型的使命，非常需要一套能够让业务目标与 IT 建设相互打通的管理框架，让转型决策信息端到端地流动起来。这本书填补了我们在转型理论支撑和实践指导方面的空白，无论在战略还是战术层面，都值得借鉴。

本书开篇提出了一个非常重要的问题：在下个十年，我们的企业怎样才能生存下来？数字化转型是必由之路。但是，方向正确并不意味着必然成功，诺基亚等企业的转型失败揭示了转型中的致命错误——业务与 IT 的脱节。

本书提出了流框架，其核心是让价值流上的所有干系人建立起端到端的全局视角，让每个人都能够看到转型过程中的瓶颈，及其对业务的影响。该框架也能够将割裂的各种工具打通，将工具、工件、价值流这三层网络与业务结果结合，形成一个有机的整体，让整个端到端的过程可观测、可追溯、可度量、可调整。

值得一提的是，作者分享了他在宝马集团莱比锡工厂的见闻与感悟，通过与世界 500 强数字化转型的经验进行对比，剖析了先进制造业的企业中 IT 组织与管理模式间的巨大差距及成因。作者提出的框架设计及案例分析，都值得我们学习，以提升产品化进程的成功率。

总之，本书为金融科技企业产品化转型提供了宝贵的专业指导意见，我很荣幸能够为此书作序。企业数字化转型道阻且长，愿大家能从中学习到理论，用它来指导实践，吸收经验，汲取教训，开创数字化未来，共同实现企业下一个十年的辉煌。

向小佳
光大科技副总经理

推荐语

“通过引入流框架，米克（Mik）展示了大规模敏捷转型过程中经常受到忽略的要素。我推荐所有要交付复杂产品的人都读一读这本书，认真思考如何将这种思路应用于价值流中。”

——戴夫·韦斯特，Scrum.org 首席执行官，规模化 Scrum 框架 Nexus 创建人

“在宝马集团 IT 组织迈向全敏捷的转型过程中，我们很早就发现以前基于项目组合的管理方法无法支撑我们的转型之旅，因此，及时启动了项目到产品的转型。与米克交流产品制流框架对我帮助很大，也实实在在地启发了我。很高兴米克能在这本书中和我们分享他渊博的知识，书中提供了基于价值驱动来帮助构建产品组合所需要的驱动力和工具集。对我来说，这既是一本必读的书，也是一本有意思的书。”

——拉尔夫·沃尔拉姆，宝马集团 IT 系统研发主管

“将软件开发组织成一系列松散的项目，是绝对造不出好产品的。科斯腾（Kersten）解释了如何将工作产品与特性、缺陷、安全和（技术）债务所对应的价值流联系起来。《价值流动》对软件时代管理理论做出了一个重大的贡献。”

——卡丽斯·鲍德温，哈佛商学院教授，《设计规则第一卷》合著者

“如果想要摆脱过时的做法并在全新的数字化领域取得成功，请您好好阅读这本书。”

——卡洛塔·佩雷斯，《技术革命与金融资本》作者

“经常有一些著作一上市就成为焦点，简直是太棒了！米克的《价值流动》对挣扎于数字化转型、敏捷落地以及行业颠覆中的企业而言，无异于救命稻草。实际上，它在业务敏捷最前沿的价值流动领域中处于一个非常重要的地位。流框架不仅能够帮助团队加快软件交付的节奏，还可以在高质量、低成本和高价值的情况下实现大规模交付。更重要的是，这种转型是团队成员乐于践行的，而且结果也可以通过量化来证明。”

——芬·古尔丁，Aviva 国际 CIO，《流动》《标新立异者》《创新活动家》《领导者》《促进流动的 12 个步骤》合著者

“整个夏天，我都因为在公司拿到了《价值流动》一书而兴奋不已，这真的让人大开眼界。本书的内容正是沃尔沃汽车集团目前正在探索的。米克对汽车行业的洞见以及他描述软件时代的方式使得本书成为我们开启数字化领域产品探索之旅的《启示录》！”

——尼克拉·埃里克森，沃尔沃汽车高级 IT 经理

“《价值流动》是 2019 年以来最有影响力的出版物。它将工作产出与业务成果联系起来，提供了用于制定更优业务决策的模型。它为技术领导者提供了一个框架，使企业能够进行必要的变革来保持行业地位。”

——多米尼加·德格朗迪斯，《将工作可视化》作者

“许多大型组织仍然在用 20 世纪初针对体力劳动者的优化管理模型，即使是复杂、独特的产品开发工作。在《价值流动》这本书中，米克阐述了一个很棒的观点，即聚焦于工作、价值流网络（而非个人）的重要性，以及产品开发过程中有哪些可以借鉴的经验教训。米克在这方面有着多年的经验，他与数百家公司合作过，通过流框架来分享他的智慧和见解，对已经意识到需要转向更好工作方式的组织来说，这是非常有价值的。”

——乔纳森·斯玛特，巴克莱银行工作方法负责人

"《价值流动》是一本非常有见解的书，米克设计的流框架总体模型尤其引人入胜。米克不仅解决了敏捷转型和转向产品制开发管理的复杂性，还讨论了如何将架构、流程和指标整合到一起对价值交付进行有效的度量。我对流框架非常感兴趣，期待着可以把它应用到我们的技术转型活动中。"

——罗斯·克兰顿，Verizon 技术现代化执行董事

"不管是流框架，还是流动指标体系都需要在具体场景中落地，才能发挥实效。本书提供了一系列实践指南，帮助组织在现有的组织结构和工具体系上，连接业务和技术交付。其结果则是构建起数字化的价值网络，通过这一网络，实现业务价值的流动、反馈和持续学习。数字化时代，产品技术的效能将是一个长期的挑战。面对这一挑战，昨天的理念和方法，无法成为今天问题的解决方案。我们需要有迎难而上的决心，更需要有突破既有框架的勇气，以及把它们转化为有效行动的智慧。做数字化时代的效能黑客，本书为突破既有的框架提供了系统性启发，更为在具体场景下落地提供了实用的指导。"

——何勉，畅销书《精益产品开发：原则、方法与实施》作者

"本书的理念，与华为30余年的产品理念高度一致，作者开创性的提出了流框架，将研发工具、研发过程、研发工件与研发交付价值良好地结合在一起，勾勒出一幅价值交付的全景视图。本书以宝马工厂之旅为引子，将研发理念与实践和工厂生产流程结合，深入浅出的同时又引人入胜。以宝马为代表的汽车厂商是工业大生产时代的翘楚，在数字化时代又开始了新的探索和尝试，所取得的成就令人钦佩，也让在华为工作多年的我心有戚戚焉。"

——寇明锐，华为云计算软件开发云总经理

"这本书给了我们很多启发，借鉴书中'价值流指标'这一部分兼顾理论化和体系化的内容，我们建立了'数字 CEC'指标体系，用于更准确地评价数字化转型的效果，更聚焦于价值创造，更好地打造产品并服务客户。

本书以汽车制造业为背景，阐述了价值流从实践到指标、从度量到管理的全过程，并提出了一套覆盖端到端视角的流框架。通过流框架，我们可以基于企业特性，构建价值流指标、价值流网络、工件网络和工具网络。这不仅可以帮助企业改善经营状况并获取更多商业价值，还可以助力数字化从业者审视企业数字化全景，进而推动整个社会的数字化进程。这是大型企业数字化转型领军人物值得借鉴和参考的一种管理实践，有助于我们聚焦于端到端的结果。"

——唐路，中国电子信息产业集团有限公司 运营管理部副主任

"在我以往的创业经历中，这本书给予了我很大的启发。我带领团队在 DevOps 领域耕耘五年多，从自动化的工程域 CI/CD/CT，到支撑快速创新的敏捷实践，以及站在应用生命周期视角来实现跨项目、跨团队管理的 ALM，深切感受到软件研发工具的全景图非常宽广，涉及管理、工程、自动化等。我常常在想，软件研发是不是也可以像汽车或者手机生产线那样实现工业化？同时，几年前，我们的客户也开始要求'一体化研发效能平台'，需求管理、项目管理、代码配置、CI/CD/CT 甚至监控运维等各种工具全部集成在一起，客户的思维逐渐开始从工具的单点最佳转变为全局优化，这进一步促使我们去思考如何才能实现'1+1 大于 2'，其中的两个 1 便是代码前和代码后两段属性截然不同的价值流。《价值流动》这本书给出了让我欣喜的答案，显然可以解决工业制造的精益管理价值流落地于软件研发场景中的实际困难。我记得我当时花两个晚上读完了这本书，如久旱逢甘露，也坚定了我们团队未来十年的产品战略方向——紧跟数字化的浪潮，打造基于产品视角的 DevOps VSM（价值流交付和管理平台），这也是我们创办云加速的缘起。"

——王勇，云加速创始人兼 CEO

“本书填补了我们在转型理论支撑和实践指导方面的空白，无论在战略还是战术层面，都值得借鉴。”

——向小佳，光大科技有限公司副总经理

“在数字化转型中，我们一直听闻“瀑布向敏捷转变”“稳态向敏态转变”“成本驱动向价值驱动转变”，本书直指这些转变的本质与核心，那就是“价值流动”。本书对此提出了一个框架性的指导，是一本数字化转型的秘籍，书中宝马汽车的实际案例更是生动形象地阐述了“项目到产品”（Project to Product）带来的转变和收益，非常值得汽车行业数字化从业者学习和参考。”

——韩司阳，上汽通用汽车高级资深架构师

“本书提到了业界耳熟能详的几个关键字：DevOps、DevOps 的三步法、价值流、数字化转型。基于这样的前提，作者提出了流框架的理念，这套管理框架和基础设施模型，相当于架起一道桥梁，旨在填补业务和技术之间的鸿沟。仔细读下来，招行这几年所走过的路似乎历历在目：从 7 年前与何勉老师合作并大规模引入精益看板开始，招行就极为关注价值流的可视化、限制在制品、促进流动；再后来大规模推广 DevOps 实践和工具链，聚焦于快速响应和持续交付，招行初步形成双模研发框架；再到 3 年前开始的总结 '精益、敏捷 ' 试点经验，借鉴 ' 价值驱动的精益管理 '，招行逐渐形成业务与 IT 紧密协作的精益管理模式及产品思维的生命周期，内建能力，赋能 IT 和业务，助力招行数字化转型。

当然，事物的发展不可能一帆风顺，数字化转型的道路依然漫长和艰辛，我们的转型虽然结束了，但持续的改进和优化精益管理模式、迭代优化流程和工具，培养业务和 IT 的产品思维，依然任重道远。本书提出的流框架和很多实用的案例，正好为处于这个时间节点的我们提供了一个很好的机会，让我们认真进行复盘和反思。《价值流动》这本书，我要强烈推荐给大家！”

——陈展文，招行总行 DevOps 资深专家，DevOps 推广负责人

简明目录

详细目录

图表目录

导言：转折点

企业 IT 相关人员的大部分职业生涯中，一直在以一种近乎疯狂的节奏应对着变化。技术平台、软件开发方法论和厂商在行业版图中的布局一直在快速变化，很少有组织能够跟得上。亚马逊和阿里巴巴等组织通过重新定义其软件平台周边的技术格局，进一步加剧了变化，并将其他组织远远地抛在后面。

这种令人望而生畏且毫不松懈的变革举措一直被当作是数字化颠覆的标志。但如果退后一步来看以往的发展规律，我们会看到历史上工业和技术革命的演变与发展趋势。

过去三个世纪，涌现出一种发展规律。从工业革命开始，大约每隔五十年，新的一波技术浪潮就会与改变世界经济格局的创新和金融资本生态产生新的融合[1]。每一次技术浪潮都会对生产方法进行根本性的重新定义，从而引发新一轮的商业大爆发。随后，在前一次浪潮巅峰时期得以蓬勃发展的企业迎来大规模的衰退。每次浪潮的引发都是因为关键生产要素变得更廉价。之后，新的基础设施得以建立，运用新技术体系来颠覆上个时代主导者并进而上位的企业家和创新者，在金融资本的驱动下形成新一代生态。

每一次技术革命都要求现有企业掌握新的生产方式，比如蒸汽机或者流水线。对于数字化革命来说，新的生产方式便是软件。如果组织已经成功掌握了大规模软件交付的精髓，那么本书就不适合你。本书的目标是为此外的其他人提供一种新的管理框架，使其能够快步过渡到软件时代。

为了解释过去四次技术革命以及当前这次技术革命的前半段，可以参见卡洛塔·佩雷斯的《技术革命与金融资本：泡沫与黄金时代的动力学》以及克里斯·弗里曼与弗朗西斯科·卢萨的《光阴似箭：从工业革命到信息革命》，他们都提出了对应的理论。佩雷斯对长波理论或康德拉捷夫的经济模型进行延伸，将每个周期具体化为两个不同的时期，如下图所示。

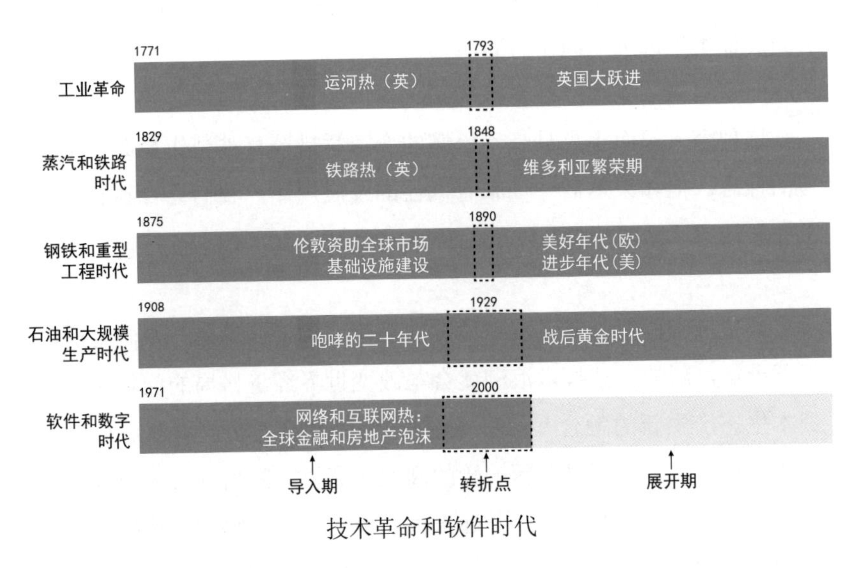

技术革命和软件时代

前半段是“导入期”，此时新技术和金融资本结合形成初创企业的“寒武纪大爆发”，对前一个时代的所有行业进行颠覆。在导入期的结尾是技术传播的展开期，开始由行业新巨头的生产资本来接管。在这两个时期之间，佩雷斯称之为“转折点”（或“拐点”），在历史上，转折点以经济危机与经济复苏为特征。这时，企业要么掌握新的生产方式，要么没落并沦为上个经济时代的遗迹。[2]

1968 年，北大西洋公约组织召开第一次软件工程大会，标志着正式步入软件时代。如今，五十多年过去了，处于“转折点”的我们，在变革的路上，步履不停。按照当前颠覆和衰落的速度，标普 500 企业中约有一半的企业将在未来十年内出局。[4]

在这些企业中，许多都成立于软件时代之前，并且他们都开始注意到，随着市场上的成功愈发取决于软件，他们也加大了对技术的投入，但软件交付能力仍然大大落后于科技巨头，本该帮他们力挽狂澜的数字化转型无法帮助他们取得理想的业务成果。

问题并不在于企业没有意识到转型的必要性，而是在于他们套用了以往的技术革命管理框架和基础设施模型来管理数字化业务。在以往的技术革命中，管理会计、组织结构以及精益制造是成功的关键。但在软件时代，这些管理框架很落后，不足以成功指引和保证企业取得成功。

我有幸目睹这些困境中的陷阱。在与诺基亚合作的时候，我注意到一点：管理层用于衡量数字化转型成功的指标，体现的是有多少人接受了敏捷软件开发方法论的培训以及有多少人使用了敏捷工具。这些基于活动的代理指标对业务成果毫无助益。正如我在第 I 部分所概述的，诺基亚的转型并没有解决核心平台的问题，这些问题使其很难适应持续变化的市场。尽管这次转型确实有精心的规划，但直到大局已定时，管理层才意识到问题的根源在于问题定位错了。尽管我的同事们使尽洪荒之力来挽救诺基亚并为此付出了艰难的努力，但结果仍然令人万分沮丧，我眼睁睁看着诺基亚失去了自己一手打造起来的手机市场。

几年后，我受邀前往一家全球化的银行拜访其 IT 主管。当时，这家银行正在做第三次数字化转型，已经进行了 6 个月。这一次，“处方”中增加了 DevOps 工具，期望能够借此扭转局面。转型预算约为 10 亿美元，但令人震惊的是，我注意到他们在转型计划中使用的方法有缺陷（超过了诺基亚）。整个转型是个项目，就只是设法降低成本，而不是在展现整体业务结果的前提下将降低成本当作一个关键指标。随着了解的深入，我开始真切感受到，这 10 亿美元的世界财富即将化为泡影，产生不了任何价值。当时还剩下 18 个月的时间来调头，但我知道，基于成本的转型，根本来不及调整航向。如果说诺基亚留给我的画面是一个烧钱的手机平台毁掉了巨额的财富，那么现在这家银行，我感受到的是这样一个生动的画面：数字化转型点燃了整个组织的浪费之火。

就在那一天，我开始着手写大家手上正拿着的这本书。尽管企业领导一片好心，但业务人员和技术人员的工作与沟通方式有根本上的错误，因此这样的转型注定会以失败收场。

到今天，软件工程实践已经有五十多年的历史，怎么可能还是这样呢？从大规模生产时代到软件构建技术的实践，敏捷和 DevOps 运动在适应关键生产技术方面已经取得了巨大的进步。例如，有了持续交付流水线，组织可以用上自动化生产线的最佳实践。敏捷技术从精益制造中获得了一些技术管理最佳实践，并将它们适配到了软件交付中。

问题在于，除了经营者为前软件工程师的某些科技公司，其他组织中技术与业务管理、预算编制以及规划的方式是完全脱节的。虽然像技术债务和故事点这样的软件交付概念对技术人员来说并不陌生，但大多数业务领导却不知道这些概念，他们仍然把 IT 活动作为项目来管理，并按照是否按时且按预算完成来衡量项目的成功。项目导向的管理框架对架桥和建数据中心这样的工程来说非常有效，但不足以帮助企业成功活过软件时代的转折点。

在本书中，将审视一些数字化转型失败案例，这些失败导致企业丧失了它们的市场地位。我们还将看看我在 Tasktop 所做的研究，标题为“挖掘企业工具链的真相”，一起深入理解企业软件交付的现状。这项研究分析了 308 个组织的敏捷 DevOps 工具链，旨在揭示业务和技术为什么会脱节。[5]之后，本书将提供一套称为“流框架”（Flow Framework）的新型管理框架和基础设施模型来弥合业务和技术之间的差距。

流框架是一种新的方式，用于对软件交付进行观察和度量，并将所有 IT 投资全部对齐到价值流。这些价值流定义了通过软件产品或软件即服务（SaaS）将业务价值投放到市场所涉及的一系列活动。流框架取代了项目制管理方式、以成本为中心的预算编制方式以及以组织架构图为主的软件效能度量方式。取而代之的是，通过流动指标将技术投资关联到业务结果上。有了流框架，便能够将 DevOps 的三大原则（《DevOps 实践指南》中所描述的流动、反馈与持续学习[6]）扩展到技术组织之外并运用于企业的整个业务上。

每次技术革命都会为了支持新的生产方式而建立一种新的基础设施。运河、铁路、电网以及装配线都是前几轮技术革命中关键的基础设施，支撑着当时的科技生态。许多数字化转型将上一次技术革命的基础设施概念套用于数字化革命而误入歧途。生产线和装配线非常善于降低可变性以及以可靠的方式进行批量生产，但软件交付是一种天生可变的、创造性的工作，贯穿于一个由人员、流程和工具交织而成的复杂网络之中。与制造业不同，在现代软件交付中，产品开发和设计流程与软件发布过程完全交织在一起。至于上一次科技革命框架并不适用于软件时代的例子还有试图用管理生产线的方式来管理软件交付。流框架为此提出了一个新的、更好的方式。

如果我们能够实时看到业务价值在组织中的流动，从战略计划直到可运行的软件，如同上个时代的制造业巨擘能够准确观察装配线的每个环节并收集遥测数据，会怎样？我们看到的是线性流动还是一个复杂的、由依赖和反馈回路组成的网络？第 8 章通过审视 308 个企业的 IT 工具链的数据集证实，我们看到的是后者。业务价值在组织内部和跨组织的流动形成了一个价值流网络。在软件时代，价值流网络就是用来实现创新的新的基础设施。打通价值流网络就能对软件交付投资和活动进行实时度量，并将这些流动指标与业务结果关联起来。它会赋能团队，让他们做他们爱做的事情，让他们在价值流中发挥各自的专长，共同交付价值。

开发人员的主要职能和专长是写代码，然而，本书所述的研究表明，开发人员有一半以上的时间得花在“人事”上，因为组织的价值流网络是脱节的。导致脱节的原因是上上次技术革命的遗存：泰勒主义。泰勒主义的结果是，工作者被当作机器中的齿轮[7]，组织结构按职能进行设计（势必形成筒仓）。

在大规模生产时代，成功的企业整体上是向客户交付产品的价值流对齐，而不是将自己局限于僵化的职能筒仓。职能筒仓不仅使得不同专业的人员彼此脱节，也使得他们与业务脱节。例如，波音公司是大规模生产时代的霸主之一，若用今天企业 IT 组织那样的结构，显然不可能制造出高度创新的 787 梦幻客机，更不可能扩大生产规模来满足需求量的增长。将 IT 交付当成项目而不是产品来进行管理，这样的组织，使用的是前两个时代的管理原则，因而无法指望可以靠这些方法来帮助企业在软件时代取得成功。为了能够显著提升自己在软件时代的竞争力，有远见的组织正在创建和管理自己的价值流网络与产品组合。

软件交付的未来大局已定，只不过分布还不均匀。软件初创企业和数字原生企业已经建立起一个完全打通的价值流网络，价值流网络的设计向产品交付对齐、对流动的关注高于对筒仓式专门化的关注并且将软件交付活动关联到可度量的业务价值。这些企业的领导通常都是开发人员出身，说的是开发人员的语言，所以他们能够有效地管理软件战略。这对其他企业的命运意味着什么？怎样弥合技术和业务之间的差距，创造一种共同的语言来使其他尚未完全打通价值流网络的组织能够在软件时代得到蓬勃的发展？

当有些组织还在思考这些问题时，早已经深谙大规模软件交付之道的科技巨头正在向金融和汽车等传统行业扩张。和老牌企业掌握软件交付能力相比，这些科技巨头渗入和掌握传统行业的速度更快。他们一直在积聚世界财富和技术基础设施，他们的市场份额不断在提升。

科技巨头们创建的产品持续向企业和消费者交付基本价值，促使市场进一步增长。虽然试图放缓进度或减少需求的做法是鲁莽的，但要是任由少数几家数字化垄断企业强势占据经济垄断地位，势必会给我们的企业、员工和社会系统带来问题。科技巨头们的财富持续增加，技术的网络效应使政府监管难以进行甚至无法展开。如果不扭转这种态势，后果可能比前四个时代涌现的企业大规模破产和消亡更加严峻。

我们可以创造另一种未来。我们能够让组织具有竞争力。我们能够将科技巨头和初创企业的经验转为己用，使其能够适应现有业务的复杂度。我们可以将 IT 的黑盒子转变为透明的价值流网络，并像软件时代的数字原生企业一样管理价值流。为实现这样的未来，我们必须将关注点从转型转移到可量化的业务成果上。我们需要一个新的框架，将组织从项目制转为产品制，以此来确保我们能够继续立足于未来的数字化时代。

第 I 部分

流框架

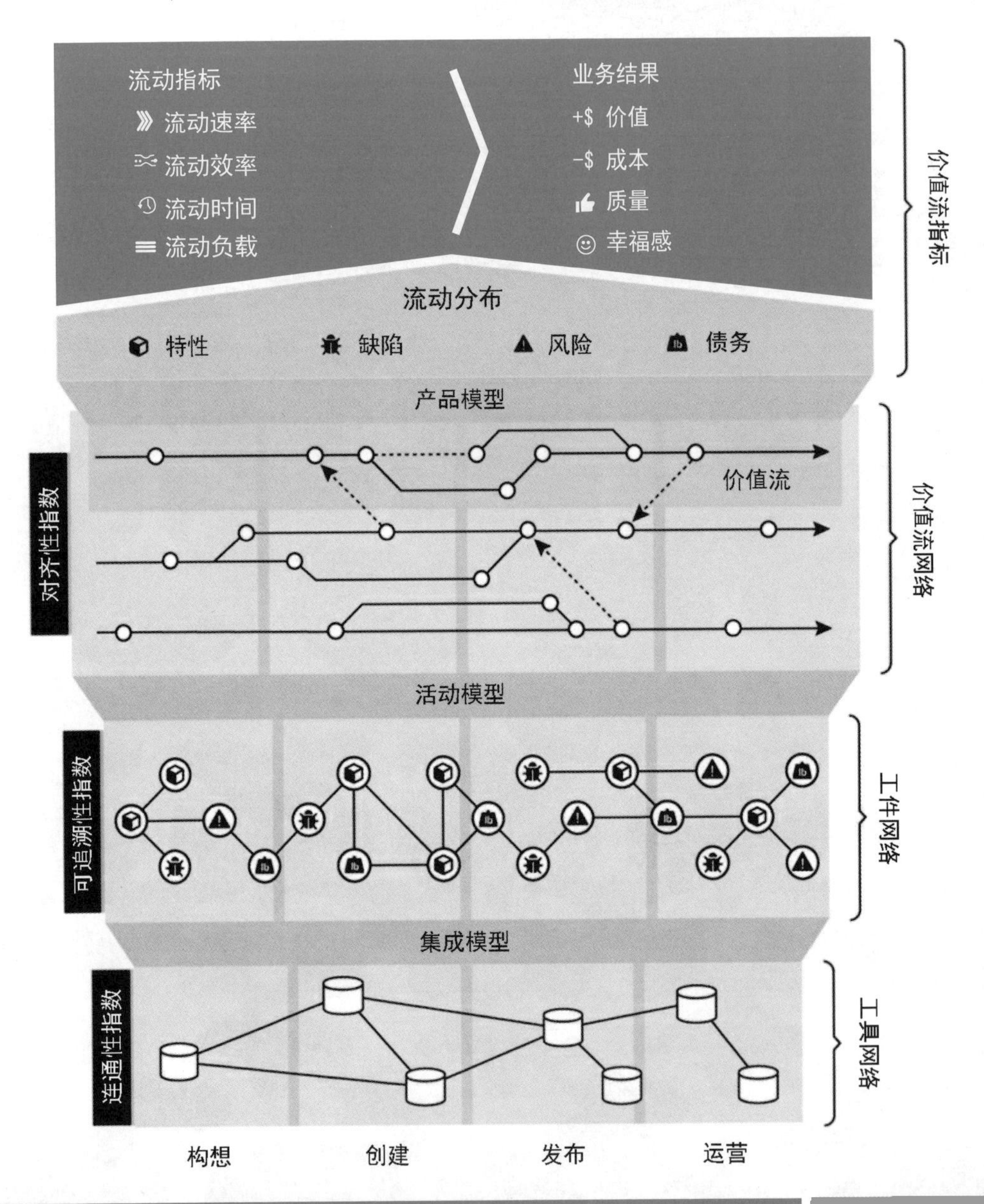

流动指标
流动速率
流动效率
流动时间
流动负载
业务结果
+$ 价值
-$ 成本
质量
幸福感
价值流指标
流动分布
特性
缺陷
风险
债务
产品模型
价值流
对齐性指数
价值流网络
活动模型
可追溯性指数
工件网络
集成模型
连通性指数
工具网络
构想
创建
发布
运营

第I部分

流框架概述

2017年春天，雷内·特－斯特罗特（Rene Te-Strote）邀请我访问宝马集团的德国莱比锡工厂。我与雷内的合作开始于几年以前，我们相识于主题为应用生命周期管理的行业大会。雷内是汽车电控单元电子/电气IT负责人，宝马集团当时正在寻找基础设施工具来集成并拓展其软件交付工具链。宝马需要这些工具的支撑以满足其新款宝马i3和宝马i8电动车程序对加快软件组件创新速度的更高要求。

像其他参会人员一样，雷内也想要将敏捷DevOps的工具和方法引入企业IT环境，但让我非常感兴趣的却是他试图解决的问题太大了。他不仅想要连接开发人员、测试人员和运维人员在内的数千名内部专业人员，还想要将数十家软件供应商整合到同一个工具链中。每家供应商都要对运行于现代化高级轿车中的超过一亿行代码做出贡献。[1]

所有这些软件以及各种内部软件交付团队都需要打通并连接在一起。例如，如果宝马集团的持续集成环境识别出某供应商的软件有缺陷，那么该缺陷就会回到那家供应商的价值流中，修复之后再流回宝马集团。按照宝马集团向市场发布最新BMW i系列电动车辆的迭代速度，这根本不可能指望电子表格和报告。在我们解决这个问题的过程中，我偶尔跟雷内开玩笑说，如果我们成功了，他就得答应带我去BMW i系的工厂现场，让我驾驶刚下线的新车。结果，雷内把我的玩笑话当真了。雷内早期的职业是在莱比锡工厂从事大规模生产制造。这家工厂是彰显大规模生产以及制造业巅峰的标杆。事实也证明，参观宝马集团的莱比锡工厂，成为我职业生涯中最有教育和启发意义的经历之一。整整两天，我步行在工厂车间中，亲眼见到大规模生产时代最先进的价值流，我在这里的所见所学使我能够从一个全新的视角来审视我们当前正处在软件时代成熟度曲线的哪一个位置。

在本书中，我将向大家介绍我在工厂车间中产生的感悟，因为这些感悟能使我们清楚地认识到的企业软件交付方法中存在什么样的错误。在本书每一章的开头，我都会试着尽自己最大的努力去回忆并为大家复现当时参观莱比锡工厂时的经历。

想象一下雷内，从每隔 70 秒钟就有一辆新车从生产线下线的世界，被丢到我们所熟知的企业 IT 大世界。这种反差太明显了，而那一刻我意识到，这种巨大的差异正是雷内想要展示给我的。这种反差远远超越了我们从敏捷思想领袖们那里所听到的——他们试图向 IT 专业人员传授各种精益方法，如由丰田生产方式（TPS）所开创的那些。这种反差表明，企业 IT 组织和生产方式的脱节竟然可以如此严重。在莱比锡工厂，最让我惊讶的莫过于业务线和生产线的无缝衔接，从生产线到业务诉求，所有一切都在建筑物本身的复杂结构上得到了体现。

回到今天企业的 IT 组织，业务使用组织架构图和成本中心的方式来对 IT 进行度量。绝大多数企业的 IT 组织都没有正式的价值流理念，也没有对业务价值交付方式的度量指标。也许最令人震惊的是，它们甚至还没有商定什么是生产单元。敏捷转型始终都无法实现规模化，但根因却被下意识归咎于“文化”。最初，DevOps 尝试提供端到端收益时所做的努力，被轻率地当作只涉及“从代码提交到投产”的转型——价值流中如此小的范围，不仅使业务基本上看不到收益，甚至都无法引起业务的注意。

最重要的是，宝马集团等公司早已经完全精通前一次技术革命的基础设施和管理技术，但企业的IT组织和它们所处的行业还没有学会。领导层死守着钢铁时代建立的泰勒主义观念，使得IT组织脱离业务，被划分成专门的职能部门并且彼此脱节。一旦数字化颠覆的威胁日益加剧，就只能寄希望于专业人员能够交付越来越多。许多IT专业人员都知道这样做后患无穷，但技术语言和业务语言之间的鸿沟始终无法跨越。结果，与数字化原生的初创企业和科技巨头相比，这些企业的软件交付效率简直是糟透了。

这种思维模式有着致命的影响。若再不改弦易辙的话，昔日作为世界经济支柱的老牌企业将处于显著的劣势。这是否意味着，在这样一个几乎所有企业都在转成软件企业的时代，各行各业中老牌大型组织注定会失败？一种令人不安的趋势已经在诸多市场中显现出来。例如，在软件时代之初，伦敦《金融时报》股票交易所（Financial Time Stock Exchange，FTSE）的上市企业，平均寿命75年，到如今已经不足20年，而且还处于下降趋势[2]。

本书总结的研究和数据提供了希望的关键。为了确保竞争力和生存，需要打造软件创新引擎。为此，组织能够并且必须进行转变。要做到这一转变，就需要从以往技术革命的历史中吸取教训，而不是孤立地看待当下。历史也许不会重复，但佩雷斯的模型表明，历史其实是有规律的。

无数组织已经在上个工业时代完全掌握了大规模生产制造，但生产实物商品和打造数字化体验完全不同。历史场景也不同。我们会看到，试图盲目将大规模生产时代有效的方式复制到软件时代，会造成灾难性的后果。我们需要用一种新的方式来思考和管理大规模软件交付。对此，本书提出了一种新的方法。

我的莱比锡工厂之旅，最重要的是，我艰难地认识到，完全照搬生产制造业的做法与完全推翻一样，充满了危险。软件生产与实物生产有很大的差别，随着软件系统的增加，我们改进和管理的难度也会加大。既然我们已经完全掌握了如何大规模供电配电、造车以及其他复杂的生产制造流程，那肯定也能搞定大规模软件生产。问题在于，除了科技巨头这样的少数特例，绝大部分组织并没有学会如何有效地实现大规模软件交付。

大规模软件交付的市场需求带来了大多数组织目前无法解决的问题。我们需要一套新的业务概念来使更多的人理解软件交付，并且需要一个新的框架来管理软件交付，让我们的业务具有可塑性并能够持续进化。本书第 I 部分对这个问题的范围和紧迫程度进行了仔细考察，并引入了用来解答这个问题的框架。

第 I 部分将涵盖以下内容。

- 为什么业务会受到数字化颠覆的影响？如何改变想法以便能够在下个十年中生存下来？
- 有哪三种类型的颠覆以及具体的业务适合用哪一种？
- 概述软件时代的展开期以及理解它之于数字化转型的重要性。
- 对流框架以及软件价值流理念进行介绍。
- 对定义业务价值交付的四项流动进行概述。

第 1 章

软件时代

每次技术革命都可能颠覆现有企业，而造成这些破坏的正是精通新生产方式的人。例如，几年前，优步（Uber）证明了通过互联网仅靠设计精良的屏幕就能颠覆整个出租车行业。新创企业的大爆发对各行各业形成了全方位的威胁，而风险资本加剧了这种颠覆。与此同时，科技巨头纷纷涉足新的市场。谷歌和脸书占据了全球近 90% 数字广告的份额，[1] 而亚马逊则有望获得大部分零售业务，并利用这种优势向周边市场扩张 [2]。商业领袖都得搞清楚这种破坏会在何时对自己产生怎样的影响，否则他们的组织在未来的十年中可能会成为“明日黄花”。

年复一年，这些故事和统计数字愈发让人胆战心惊。2017 年，艾可飞（Equifax）的 CEO 因为安全漏洞丢了工作。之后的一次国会听证会上，他将问题归咎于一名软件开发人员 [3]。大规模生产时代的大牌企业中，没有哪一家企业的 CEO 能够将如此灾难性的业务失误归咎于生产体系中看似微不足道且容易管理的小事情（第 6 章将对艾可飞的案例做进一步的分解）。

显然，没有哪个行业是安全的，破坏不断在加剧，才华横溢、训练有素的商业领袖们主宰着世界经济格局，但在软件时代，他们却没有一套适当的工具和模型来正确评估风险并把危机变成商机。

“数字化颠覆”并非什么新话题，大量的文献中早就有记载。然而，卡洛塔·佩雷斯（Carlota Perez）的著作揭示了一个关键：如果企业无法适应新的生产方式，势必会被淘汰出局。掌握了新生产方式的企业，即便处于市场的慢车道，最终也会取代那些需要更长时间才能适应的企业。举例来说，如果一家保险公司提供一流的数字化体验，那么它就能取代做不到这点的保险公司。如果保险行业本身的前进速度并不足以跻身于数字化的前列，那么，某科技巨头就可以进军这一市场来寻找新的增长动力，首先是取代特定的公司，进而颠覆整个保险市场。本章的例子会突出强调“我们正处于软件时代的转折点，无论是哪个行业或哪个市场，所有的企业都不安全。”

本书并不涉及如何应对颠覆性商业战略。这个话题可以阅读杰弗里·摩尔（Geoffrey Moore) 的《梯次增长》等书，书中探讨了在颠覆性攻防中如何对企业战略进行调整。

然而，问题早已经不再是企业意识不到自己容易被颠覆的命运。2017 年，财富 500 强企业的私人科技投资中，非科技企业的投资占比首次超过科技企业[4]。这标志着企业领导者开始留意到数字化颠覆的范围并以此来驱动数字化转型。不过，我们在这一章会了解到，问题在于数字化转型正在不断失败中。据 Altimeter Capital 的《2017 年数字化转型现状》报告称，数字化转型失败的主要原因包括数字化人才和专业技能匮乏（31.4%）、普遍的文化问题（31%）、将数字化转型视为成本中心而非必要的投资（31%）[5]。不过，这些都不是转型失败的根本原因，它们都是表现出来的症状，而症结在于业务领导与技术人员之间严重脱节，我们将在本书中对这种脱节加以评述。这并不是说人才不重要，人才很重要。但是，项目制管理模式更多的是将人才从组织中挤兑出去而不是吸引进来。

总的说来，即使有最优的策略与预案，软件交付的产能和能力仍然会成为数字化转型的瓶颈。转变发生得太少太慢，以至于业务侧不是不明就里，就是不知所措。

本章将首先论述数字化颠覆会对不同产业产生怎样的影响。我们要讲述三类颠覆，并探讨软件交付对于驾驭每种颠覆的重要性。然后，对过去的技术革命进行概述，如何才能确定要驾驭当下这场技术革命。本章可以归纳为三个顿悟并从这三个顿悟推导出流框架（Flow Framework），这种打破转型失败怪圈的机制能够确保企业在未来十年中生存下来。

宝马之旅　探秘生产线

德国宝马集团的莱比锡工厂，令人肃然起敬。接待我们的是雷内·特－斯特罗特（Rene Te-Strote）和弗兰克·谢弗（Frank Schäfer）。弗兰克是厂区的一名经理，负责车辆总装。这幢庞大的中央大楼是建筑师扎哈·哈迪德（Zaha Hadid）设计的，她为我们这个时代设计了不少独特的建筑。这幢科幻般的建筑充满了未来气息。一进门最吸引眼球的是视线上方高处裸露的生产线（图 1.1）。车身随着悬空的传送机移动，从一排工位的上空滑过，然后逐渐消失在视野中。所有进入这幢大楼的人和所有员工都能看到这条生产线，整幢大楼都是围绕着它来设计的。大楼的每个部分都实际考虑到了生产和价值交付。作为大规模生产时代的巨头，宝马的成熟度和规模化在这里体现得淋漓尽致。

（图片经宝马集团许可使用）

图 1.1　宝马集团莱比锡工厂中心大楼

DevOps 顾问吉恩 · 金（Gene Kim）是《凤凰项目：一个 IT 运维的传奇故事》和《DevOps 实践指南》的合著者。他曾经告诉我，DevOps 的接纳成熟度也许只有 2%。[6] 这让我很震惊，但也极好地解释了许多传统企业在软件时代的发展为什么如此缓慢。相比 2% 这个数字本身，整个行业的发展缓慢更让人深感不安。我很想亲自见见大规模生产时代巅峰的代表，以便从中获得完整的经验并将这些理念运用到软件时代。

在我前往参观莱比锡工厂的前一年，恰逢宝马集团举办“下一个一百年”百年华诞庆典，活动中，宝马集团盛赞上个世纪的卓越制造，并发布了宝马集团对未来出行的愿景。庆典以施乐 PARC 荣誉顾问阿伦 · 凯（Alan Kay）的至理名言开始：“预测未来最好的方法，就是把它创造出来。”[7] 让我最为震撼的莫过于未来百年与过去百年的巨大差别。

汽车行业正处在拐点，以软件为基础的创新开始发力赶超引擎性能和其他实体层面的用车体验所带来的增量收益。2017 年，特斯拉的市值超越了福特。2016 年，特斯拉只生产了 7.6 万辆汽车，而福特生产了 670 万辆，特斯拉收入了 70 亿美元，而福特收入 1520 亿美元[8]，投资者开始对特斯拉所展现出来但尚未实现的潜在变革进行豪赌。

在题为“下一个百年”的演讲中，宝马集团明确表示，BMW i3 和 BMW i8 电动汽车上市速度方面的成就将使他们保持领先地位。“下一个百年”愿景描绘了智能助手、增强驾驶与无人驾驶以及重塑汽车所有权概念的全新出行方案[9]。但这些都不是其中最有意思的。“下一个百年”愿景中最有趣的当属宝马集团预测的这些创新全都由软件来支撑，宝马集团 CEO 同时还高调宣布，在未来，宝马集团逾半数的员工都是软件开发人员。[10]

在我访问过的大多数财富 500 强企业中，无论在哪个细分市场，我都见到过类似的拐点。在未来若干年，是否所有企业都有超过半数的 IT 专业人员？都会以这种方式被颠覆吗？从公司组织和管理的角度来看，根据吉恩的“DevOps 采用率只有 2%”的论述，所有这些企业都准备好迎接这种转变了吗？在完全掌控上一次伟大的技术革命之后，宝马集团是否还有某些固有的优势？从这家工厂的运作方式中，我们能学到什么呢？我们能将所学到的智慧运用到大规模软件构建和交付中吗？

没有一个行业是安全的

在过去二十年，柯达（Kodak）和万视达（Blockbuster）等当初最先遭遇数字化通信和协作转变的企业，有的已经沦为首批被颠覆的受害者。现在的差别在于，整个经济都面临着被颠覆的命运。

看看佐尔坦·肯尼西（Zoltan Kenessey）① 提出的四大经济产业。第一产业涵盖地球资源开采业，第二产业涵盖加工和制造业，第三产业涵盖服务业，而第四产业涵盖知识工作[11]。在第一产业，一些企业利用软件来提升发现、开采和物流方面的能力，带来了巨大的优势，超越了那些尚未掌握这些软件解决方案的企业。然而，资源和技术的进步带来的只是增量收益，软件和IT系统带来的却是更具变革性的发现和效率。比如，在发现与开采方面，自然资源能源企业同软件数据驱动方法的竞争日益加剧。总之，尽管数字化颠覆对不同产业和业务的破坏速度各不相同，但任何业务和领域都无法独善其身。

当我们从第一产业转向第二产业，软件时代引起的转变更为突出。对于汽车等大规模生产的商品，数字化体验的差异化日益增长。现在的汽车已经变成车轮上的计算机。桌面电脑上安装的Windows操作系统需要6 000万行代码[12]，相比之下，2010年，汽车中的软件代码已经达到了1亿行[13]，所以对许多汽车厂商来说，汽车中软件的单位成本比引擎还要高（图1.2）。这还只是数字化颠覆的开始。自动驾驶系统会使汽车中的软件数量倍增，引擎的电气化也会把其余核心部件转变为软件系统。

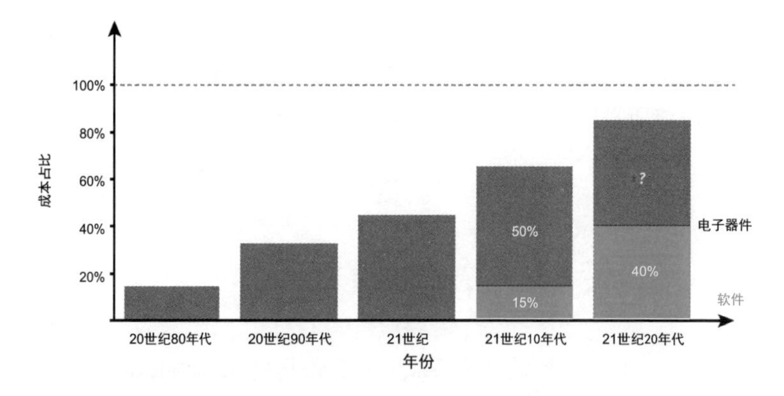

图 1.2　软件在汽车成本中的大致占比

① 译注：国际统计学会常设办公室主任。

博世（Bosch）是大规模生产时代的代表性企业。2017 年，博世宣称聘请了 2 万名专家进行数字化转型，其中近半数岗位与软件相关。[14] 实体产品越来越依赖于互联体验，我们将从第 7 章了解到，工厂、制造商和装配流程本身也在接受软件的改造。

我们在第三产业（服务业）看到的数字化颠覆和更替是惊人的。一个例子是奈飞（Netflix）从 1997 年起为电影租赁业务带来的转变。当时，互联网带宽非常稀缺，数字电影无法分发到客户家里。计算机科学家安德鲁 • S. 塔南鲍姆（Andrew S. Tanenbaum）有个著名的数学问题，是让学生计算用一辆货车在全美运送录像带的带宽。受此启发，奈飞的联合创始人兼首席执行官里德 • 哈斯廷斯（Reed Hastings）断定，软件可以用于 DVD 的选购和物流配送[15]。不久后，风险投资人马克 • 安德森（Marc Andreessen）在其影响深远的文章“为什么软件正在吞噬世界”[16] 中，将联邦快递描述为“一个由卡车、飞机和配送中心交织而成的软件网络”。奈飞和联邦快递意识到，软件能为物流行业带来指数级的收益。

即便如此，零售行业和物流行业仍然处在破坏式颠覆的早期。亚马逊现在可以将供应链数据与物流和消费者购物习惯结合起来，这会使实体店遭受损失。当年，沃尔玛会用大规模生产时代的方法来瓦解其他零售商；如今，亚马逊正在通过瓦解供应链的方式颠覆沃尔玛和其他零售商，产生了几乎相同的市场份额增长曲线[17]。从诸多趋势中，我们可以清晰地看到，这些公司将软件运用于消费者体验和物流，即使早期取得的优势微乎其微，但也已经赢得了同行业其他公司难以企及的优势。

最后，在由科技、媒体、教育、政府等知识型行业构成的第四产业，由于具备最新的、最可塑的特点，在软件如何影响分销和基础设施方面，其数字化变革的速度甚至更快。例如，我们在软件时代已经经历了好几次协作技术浪潮，从电子邮件到即时通信，再到远程会议和数字助理。如今，无论在哪个行业，这些破坏都产生了足够多的数据样本，使趋势变得更加清晰。能够成功驾驭软件创新的企业是赢家，落后的企业只能逐渐衰败或成为下一个“万视达”。

数字化颠覆的类型

颠覆的例子虽然数不胜数，但并非千篇一律。为了理解软件交付会对企业带来哪些影响，我们需要将不同类型的数字化颠覆合为一个模型。杰弗里 • 摩尔（Geoffrey Moore）在《梯次增长》中给出了一种模型，本书将以此为基础。摩尔的三种颠覆类型分别是“基础设施模式颠覆”“运营模式颠覆”和“商业模式颠覆”[18]。对于软件时代的大多数企业，要想避免被颠覆，必须掌握软件交付。然而，企业需要针对哪种颠覆类型来开展攻防，决定着如何建立 IT 投资与价值流。

基础设施模式这一类颠覆容易理解，是指改变客户获得特定产品或服务的方式。比如，在不改变销售方式的情况下，你需要通过社交媒体来进行产品营销。我们所看到的基础设施模式颠覆就是竞争差异化的数字化营销和交流。数字化服务正在与支撑信任经济的社交网络实现融合。

运营模式这一类颠覆依赖于借助软件来改变消费者与企业的关系。比如，今天的航空公司必须提供一流的移动端体验，否则会有旅客订单流失的风险。此时的运营模式发生了根本性的改变，因为代理商和客服中心的重要性越来越低。要想在这方面与初创企业展开竞争，必须要有一流的数字化体验。例如，可以预见，如果新兴的金融服务初创企业运用更优秀的个人财务管理功能来取悦用户，那么就可能使某消费型银行被瓦解。

商业模式这一类颠覆涉及软件和技术对业务更根本的运用。这可以是某软件或物流方面的创新，它能够直接省去消费者获得商品这个过程中某个重要的人工环节，比如到店环节。摩尔提到，老牌企业不具备自我颠覆的能力，因此必须建立一套创新引擎，使自己能够赶上另一类市场中涌现出来的下一波颠覆浪潮[19]。

无论你的企业如何，若想赢在软件时代，必须精心定义哪一个或哪些颠覆类型会使自己的企业暴露于风险之中。无论身处何处，都需要对软件交付进行重大的投资。该计划的成功和赢得市场的能力，取决于企业定义、连接和管理软件价值流的能力。

“肢解”各个行业

想一想你的下一辆车。从车载互联技术和无人驾驶到胎压和车辆维修管理，众多初创企业争相在驾乘体验方面赢得用户的芳心。这些初创企业不仅彼此竞争，也在和早就全面掌握汽车用户体验的现有汽车厂商竞争。从“梯次管理”方面看，这些都只是基础设施模式颠覆。来福（Lyft）、优步（Uber）和即行（Car2Go）通过在所有权层面改变消费者与汽车的关系，使自己立足于运营模式颠覆和商业模式颠覆之上。

再来看金融领域，银行业一直是技术应用的引领者。它们从根本上就是一种知识工作，获得的任何技术优势都会迅速形成他们的市场优势。因此，银行一直是新技术的早期接纳者。比如，当许多企业都不敢用一群不求报酬的人所开发的、不受支持的软件时，许多银行很多年前就已经在用开源软件了。在过去十年中，银行业一直在提前吸纳人才，数以万计的 IT 工作者受雇于银行以应对数字化的冲击。在规模方面，例如，美国银行全球技术与运营主管凯瑟琳·贝桑特（Catherine Bessant）手下有 9.5 万名雇员和供应商[20]。

有几百家获得风投的初创企业正在对银行的关键业务领域虎视眈眈。为了和现有的产品与服务竞争，每家初创企业都会提供不同的产品或服务。我们来看看金融科技领域的融资规模。2016 年有份报告称，超过 1 千家金融科技公司的融资规模达到了 1 050 亿美元，估值高达 8 670 亿美元[21]。

根本性的转变正在发生。即便拥有上万名员工，老牌企业的软件开发和交付速度简直就是敞开门户拥抱颠覆。并不是缺少为保持对初创企业的领先而进行的讨论或投入，也不是找不到创新的方式对颠覆者进行攻防。真正的原因是，初创企业具有快速构建和迭代软件的能力，并且没有现有客户或遗留系统的负担，从医疗保险到加密货币等各个服务领域，它们在客户与产品服务的交互方式上不断在进行创新。

前面例子所描绘的，只是风险资本注资的初创企业颠覆传统业务与行业的方式。颠覆的另一个载体是深谙软件构建和交付奥义的科技巨头。无论颠覆的载体是谁，在设定行动计划之前，都必须审视我们在这场技术革命中的位置以及即将到来的变革和颠覆浪潮会是什么样。

我们正在步入展开期

颠覆会以当前的速度一直持续下去吗？推动初创企业增长的风投资本是否会持续加大到让老牌公司无力竞争的地步？经济的主流会不会很快被科技巨头所垄断？

这些问题的答案对组织至关重要，能指引我们在数字化战略中找到正确的投资目标和投资方式，进而在转折点（也就是在导入期和展开期之间区分金融危机与金融复苏的阶段）得以幸存。如果没有搞清楚这些问题，我们的努力就会像蒸汽和铁路时代增加更多马力来参与竞争一样，被引入歧途。然而，正如我们在下一章看到的，大多数企业的 IT 组织恰恰就是这样做的。

有几种理论可以解释技术创新周期及其对经济的影响。比如，康德拉季耶夫的长波理论（描述技术创新和企业家精神带来的周期为每五十年一轮的扩张、停滞、衰退）以及创造性破坏理论（行业突变的过程，从经济结构内部不断发生变革，最终旧的结构被摧毁，不断创建出新的结构）都是约瑟夫•熊彼特于 20 世纪 30 年代在他的著作《资本主义、社会主义与民主主义》中所介绍的概念[22]。经济学家卡洛塔•佩雷斯在她的重要著作《技术革命与金融资本》中对这些概念进行了延展[23]。

关于康德拉季耶夫的长波理论所解释的原因和时间跨度，经济学家们存在着分歧。比如，有些人预测当前这次浪潮的周期会更长，而其他人则认为这些浪潮的周期在不断缩短。

尽管当前这次浪潮的确切时间周期无从确定，但佩雷斯的著作为我们提供了一套模型，让我们能够区分上个时代的科技体系与当前的科技体系，并让我们能够用它来更好地理解如何掌握软件时代的新兴生产方式（著名风险投资家杰瑞·纽曼有一篇博文“展开时代”对佩雷斯的作品进行了概述，有兴趣的读者可以读一下[25]）。

要搞清楚我们处于软件时代中的哪个位置，就有必要提到佩雷斯的理论中最重要的一点，那就是新科技体系的导入期和展开期这两个概念（图 1.3）。在导入期，风险资本等大量金融资本被用来撬动新的科技体系，瓦解前一个时代的同时，新的体系形成足够多的技术、企业和资本。这便是我们已经看到的初创企业“寒武纪大爆发”。

展开期跟在导入期之后，在这个阶段，掌握了新兴生产方式的企业持续占有更多的经济和新基础设施份额。这段时期，生产资本开始取代初创企业和金融资本，而生产资本有不少份额掌控在这个时代的新兴科技巨头手中。生产资本与金融资本不同，因为生产资本由企业管理者控制，他们在成熟的企业中工作，寻求或借助于创新来提升生产效率，而不是金融资本偏好的高倍率增长的激进式高风险创新。在展开期，金融资本和新创企业开始寻找新的安身之所，将赌注转向下一轮技术革命。

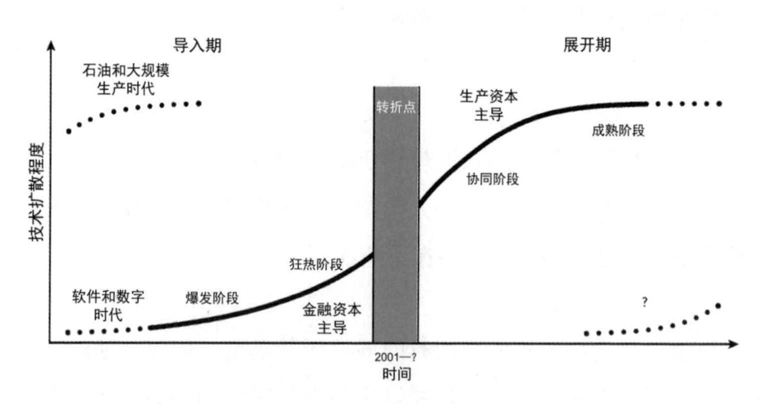

图 1.3　从导入期到展开期[26]

导入期 - 展开期	时代	新的技术体系	新的基础设施	开启新时代的创新	管理创新
1771—1829	工业革命	水力机械化	运河、收费公路、大型帆船	阿克赖特的克劳姆弗德水力纺纱工厂（1771）	工厂体系、企业家精神、合伙企业
1829—1873	蒸汽和铁路时代	蒸汽机和运输	铁路、电报、蒸汽船	利物浦 - 曼彻斯特铁路（1831）	股份制公司、分包制
1875—1918	钢铁和工程时代	电气设备和运输	钢轨铁路、全球电报	卡耐基钢铁厂（1875）	专业管理体系、泰勒主义巨头企业
1908—1974	石油和大规模生产时代	运输和经济的机械化	广播、高速公路、机场	福特高地公园装配线（1913）	大规模生产和消费、福特主义、精益
1971—?	软件和数字时代	数字化经济	互联网、软件、云计算	英特尔微处理器（1971）	网络、平台、风险资本

表 1.1　技术革命[30]

正如表 1.1 所示，这种模式本身重复了不下四次。佩雷斯在书中提供的证据表明，我们正处在第五次迭代的中期[27]。1970 年微处理器问世，从此进入软件时代。2002 年，佩雷斯预测软件时代的转折点将至，也就是导入期和展开期之间的位置，新的掌控者将积累足够多的财富和控制权，以至于政府开始推行对应的监管政策，我们当前看得到这方面的证据[28]。

我们无法最终确定目前究竟处于转折点的什么位置，也无法确定转折点会持续多久。我们不知道我们这个时代和其他时代是否有实质性的不同。在一次采访中，佩雷斯告诉我，这一次的转折点很不寻常，似乎被拉得越来越长[29]。然而，等我们准确搞懂这个时代的形态的时候，任何行动都于事无补了，因为那些早就掌握新兴生产方式的企业会取代那些还来不及做出改变的企业。

站在今天来看，我们不断看到金融资本所发挥的作用，就像前面的故事中，大量新兴初创企业从风险资本获得资金而导致各行各业被“肢解”，边界日益模糊，最终会消失。

以 Jawbone 公司为例，这是一家不差钱的灵巧的数字化原生初创企业，由顶级风险投资机构注资。Jawbone 打造了一些新创品类的产品，从蓝牙耳机到无线音箱，再到可穿戴的健康记录仪。总之，Jawbone 在 2006 年到 2016 年间，从顶级投资机构获得了 9.83 亿美元的金融资本。但最终却以资产出售而告终，成为有史以来风投支持成本第二高的初创企业。

尽管有创新与优秀的产品，Jawbone 最终还是败给了苹果这样的生产资本型企业。2016 年，智能手表创新者 Pebble 也因为类似的原因关了门[32]。消费硬件新创企业的破灭与日俱增，不仅如此，要想启动一家新的社交媒体公司，并在脸书收购或摧毁它之前把规模做大，也是越来越难[33]。这种生产资本影响不断在增加，不断传递出信号：我们正处于生死存亡的拐点。

虽然我们不知道这次持续多久，但如果它遵从佩雷斯的五十年周期模型，并且我们知道自二十世纪七十年代便一直能看到导入期的迹象，那我们就可以认为，我们正逐年靠近展开期。一旦进入展开期，还没有采用新生产方式的企业在重要性和市场份额上都会走向衰亡。接下来十年，会有大量企业在市场中失去立足点。我们已经见过其他企业在大规模 IT 尝试中败下阵来，而后敏捷也被做砸了，而现在 DevOps 转型也进入了关键时期。对许多这样的公司来说，这是他们在当前这个技术时代生存下去的最后一次机会，更不用说下个技术时代了。

三个顿悟

在我的职业生涯中，一直致力于理解和改进大规模软件构建方式。我花了近二十年时间来研究新的编程语言和软件开发工具，并且有机会与世界上最好的技术专家合作。但我逐渐意识到，我们在转折点中所处的位置，决定了技术改进已经不再是瓶颈。技术改进固然重要，但新的编程语言、工具、框架和运行环境为组织产生的增量生产力收益却还不到 10%。

相比之下，业务和 IT 之间的脱节却非常严重，IT 组织内部的脱节也是。常见的企业架构设计方法是错误的，因为它倾向于锁定技术人员的诉求，并不关心业务价值的流动。这与宝马集团莱比锡工厂形成了鲜明的对比，在那里，无论是整幢大楼的可扩展性，还是生产线固有的模块化，整个工厂都是围绕着不断变化的业务需要而设计的。

对我来说，意识到技术人员的追求所带来的回报正在日益减少，并不是某一次灵光乍现。相反，我有一些尚未形成体系的感触，几乎都为我的职业生涯带来了重要的转变。这些“顿悟”都涉及我的一系列经历，这些经历改变了我对软件交付的看法，并使我彻夜难眠，因为我逐渐领悟到，自己之前许多假设都是错误的。

第一个顿悟来自我的第一份开发人员工作，当时，我的工作用到一门新的编程语言。我意识到我们正在解决的问题远远超越了源代码的范畴。第二个顿悟来自累计数百次与企业 IT 主管的会议，我清楚地认识到，软件交付的管理与转型根本就是割裂的。第三个顿悟来自我的宝马之旅，表明以往大规模化软件交付的整个模式是错误的（我会在第Ⅲ部分展开讲这些顿悟）。我们一直在尝试将以往技术革命中的概念套用于当前这场技术革命中，难怪会屡试屡败，这些经历将这三个顿悟贯穿在一起，概括起来，我的三个顿悟如下。

- 顿悟 1：由于软件架构与价值流脱节，所以随着软件规模的不断扩大，生产力反而会下降，浪费会增加。
- 顿悟 2：脱节的软件价值流成为软件生产力规模化的瓶颈。软件价值流的脱节是滥用项目管理模型的结果。
- 顿悟 3：软件价值流不是一个线性的生产流程，而是一个复杂的协作网络，必须要与产品对齐。

第一个顿悟是，一旦开发人员脱离价值流，就会同时导致软件生产力下降和浪费增加。这个顿悟来自我的一次个人危机。我在施乐

PARC 担任研究员的时候，当时是一名开源软件开发者，每周坚持工作七八十个小时。当时，我大部分时间都在写代码，加上我经常通宵达旦地写一些陈词滥调，日复一日地与鼠标键盘共舞，导致最后患上难以治愈的重复性劳损（SRI）②。为了一版又一版地发布，我必须不断逞着强写代码，随之而来的是病情愈发加重。我的老板不断告诫我，他见过许多 PARC 员工以这种方式断送了事业。医院的护士除了提醒我要注意并提供布洛芬之外，基本上不提供任何帮助，于是我意识到，每一次鼠标点击都需要精打细算。

就这样，我加入了盖尔·墨菲（Gail Murphy）的团队和她在英属哥伦比亚大学创办的软件实践实验室，开始了博士研究。我将鼠标点击作为限制因素，通过对操作系统进行度量，我开始跟踪自己的每次点击事件。我开始意识到，导致我这种重复性劳损的种种活动中，大部分都没有产生价值，都是在窗口和应用之间通过键盘鼠标操作来寻找和重复寻找信息以完成手头上的工作。

于是，我将研究范围扩大到 IBM 的六名专业开发人员，还扩展了监测方式，添加了一套实验性的开发人员界面，用于将编码活动对齐到价值流。结果令盖尔和我感到震惊，所以我们决定将研究拓展到更多现场。我们从不同组织招募了 99 名专业开发人员，要他们提交实验前后的全部开发行为追踪数据（完整的发现在第 7 章有详细描述，并且发布在国际软件工程基础研讨会上[34]）。

结论很明确：随着软件系统规模的增长，如果要将最终用户要求的几百个功能中的一个添加到系统中，实际工作量与架构之间的差距

② 译注：长时间的重复动作（如抓紧工具、扫描或打字），使得肘部始终低于手腕（手握鼠标），导致腕关节神经受到压迫，手指出现酸痛发麻，灵活性变差甚至关节痛的症状。测一下，你中招了吗？手张开，掌心向上，沿着小臂中间部位，逐步用力按压，若感觉到痛麻酸胀，就要小心啦！

也在加大。我们用的协调和跟踪系统的数据量也会增长，导致更多的浪费和重复的输入。这些发现启发了我和盖尔，于是我俩创办了Tasktop，这是一家致力于更好地理解这个问题的软件公司。

多年以后，当我们整体审视某大型金融机构的工具链时，我有了第二个顿悟。这个悲催的问题并非开发人员特有；无论是业务分析师、设计师、测试人员、运维还是支持人员，对软件交付中涉及的任何专业人员而言，这个问题都是重要的浪费来源。涉及的软件交付专业人员越多，他们之间的脱节越严重，就需要更多时间用于痛苦的重复性数据录入，或者没有尽头的状态更新与汇报。

生产力下降和挫败感加剧，使我个人不得不面对不少的挑战，而这些挑战正在成千上万的IT人员身上大规模地重演。员工越多，工具就越多，软件的规模和复杂性就越高，问题就会变得越糟糕。比如，在对某银行的软件交付时间进行内部调研之后，我们确定，平均每个开发人员和测试人员每天至少浪费20分钟时间在不同敏捷工具和问题跟踪工具上重复录入数据。有时甚至是每天长达两个小时，而一线管理者的负担甚至更高。当我们进一步挖掘开发人员的时间都花在哪儿时，我们发现，开发人员只有34%的工作时间用于阅读和编写代码[35]，而这正是开发人员拿着薪水所要求做的事情，也是他们爱做的事情。这是个深刻的系统性的问题。

随着我和盖尔与更多企业IT组织展开合作，我们意识到，与更简单、更强调以开发者为中心的开源世界、初创企业和科技公司相比，企业IT组织简直是天差地别，但我们缺少企业IT交付相关的经验性数据。在宝马集团的莱比锡工厂，只要沿着生产线，我就能看到工作的流动。但不幸的是，在企业IT组织中，要想理解工作在组成价值流的各个工具之间是如何流转的，以及如何从组织的一端流到另一端，基本上没有什么可用的数据。我们从这些组织中收集和分析了308套敏捷、应用生命周期管理（ALM）和DevOps工具链。当我们看清如何将这些工具打通后，开始将这些工具统称为“网络”（更多内容见第8章）。为了更好地理解我们在数据中所看到的现象，在这个过程中，我亲自会见了来自这些组织的200多名IT负责人。

在莱比锡工厂，我一边思考着那308幅价值流图，一边沿着宝马的生产线徒步10公里，我悟到了第三个顿悟的核心。那就是我们用来思考软件价值流的模型完全是错的。软件价值流不是一条流水线或者汽车生产线那样的线性生产制造流程，相反，它是一种复杂的协作网络，必须要打通并将它对齐到IT组织所创造的内外部产品和业务目标上。

这正是数据告诉我们的真相，而这种方式与在企业组织管理IT投资时所用的项目和成本导向思维方式是相互抵触的。这些企业工具网络的真实数据（即通过直接观察所了解到的事实真相）表明，通过采用敏捷团队和DevOps自动化，所有IT组织的专业人员都已经开始采用新的工作方式了，但这些专业人员缺少基础设施和业务支持，无法有效地以新的方式开展工作。

另一方面，企业正在进一步丧失观察或者管理技术人员具体工作的能力。领导层似乎习惯于使用前一两个技术时代的管理工具和框架，而技术人员因此而压力倍增，因为这些过时的方法无法满足生产软件所需要的速度和反馈周期。我们本以为能通过转型计划使业务和技术人员之间的裂痕变小，实际上却事与愿违，这些转型方案反而加深和加大了裂痕。我们需要找到一种更好的方法。

小结

宝马集团莱比锡工厂的惊人之处在于，它可以使访客和员工同时处于大规模生产时代的展开期和软件时代的导入期。在这家代表先进制造业和工厂自动化巅峰的企业，你可以观察到汽车生产越来越倚重于软件的支撑。相比之下，世界顶尖企业的 IT 组织更像是 20 世纪初的约三百家汽车制造商，它们试图掌控底特律的生产线，但等到福特等制造商取得领先地位后，它们自然就灭绝了[36]。

在这一章，我们看到软件时代走向成熟所带来的变革规模。在管理层面，最大的问题是老牌企业正在使用以往那个时代的管理和生产方式，因而在当前软件时代屡屡受挫。在下一章，我们将深入研究从企业 IT 组织中收集到的证据，看看这些证据可以揭示出哪些问题，然后，我们将重点关注组织敏捷和 DevOps 转型失败的原因。最后，我们要开始探索解决方案。

第 2 章

从项目到产品

转型是滥用程度最高的 IT 术语。然而，如果从技术革命的历史角度来看，这种滥用就不足为奇了，因为它根植于企业所面临的生死攸关的问题，企业必须拥抱变化才能够活过转折点。

在这个时代，生存取决于组织交付软件产品和数字化体验的能力。据市场研究公司 IDC 估计，2020 年前，数字化转型的机会成本高达 18.5 万亿美元，占全球 GDP 的 25%，充分说明转型的规模和紧迫性[1]。转型成功的企业将得到回报并取代转型失败的企业。许多大型组织已经启动了自己的转型方案；其他组织也注意到，他们的软件投入正在逐步上升，CFO 通常最先意识到来年 IT 相关预算和人员数量的变化。

在大规模生产时代，IT 是个单独的筒仓，为其他生产方式的生产力提供支撑，比如实现销售自动化或促进沟通。未来，IT 将继续在这方面发挥着重要的支撑作用，例如，通过工业 4.0 所主张的“信息物理系统”，各种工厂自动化将为大规模生产带来显著的生产力提升[4]。然而，这些都是上一个导入期的延伸，相比现在市场和商业模式正在发生的转变，破坏性小得多。但在软件时代，数字科技已经成为组织的核心，不能再将 IT 单独划分成一个部门。

那么，组织和管理技术怎样适应这样的转变呢？在本章，我们将盘点两个转型案例。这两个转型尽管都是出于好心，想要在软件时代生存下来，但都以失败告终。第一个案例是诺基亚敏捷转型失败，导致它失去手机市场。第二个案例涉及某大型金融机构，暂且称之为“LargeBank”，投入了十亿美元进行敏捷和DevOps转型，却并没有为业务价值交付带来任何可度量的提升。这两个失败案例都有一个共同的主题，即旧时代有效的范式却是当下软件时代导致我们失败的根源。

紧接着，我们将讨论项目管理范式以及为什么它会使业务和IT之间产生鸿沟。我们将一睹波音787梦幻客机的创造过程，思考它的产品思维。随后，我们将论述为什么项目制管理转为产品制管理是使软件交付对齐业务价值的关键，以及如何将管理视角从项目转为产品，并为我们在软件时代的成功铺平道路。

在我们深入研究流框架（Flow Framework）及其开端之前，重要的是，我们需要看看宝马集团莱比锡工厂是怎么运作的，他们证实了另一种不同的成功方式：依产品线来度量流动和定义软件价值流。

宝马之旅 揭秘莱比锡工厂的建筑结构

中央主楼通向一个巨大的开放空间。左侧是裸露的生产线，车身平稳地从巨大的橙色机械臂间穿梭而过，这些机械臂旋转、倾斜并将汽车部件逐一组装起来。整体空间与未来主义的建筑设计相结合，让人觉得仿佛是来到了下一个版本的“企业号”星舰建造现场。

"有没有一种建筑风格可以对工厂中的团队协作和生产力产生积极的影响？"工厂的宣传册提出了一个问题。"宝马集团莱比锡工厂的中央主楼由著名女性建筑师扎哈·哈迪德（Zaha Hadid）设计，体现的正是这一理念。这座独特的建筑是通信中枢，连接着所有生产区域。"

所有 IT 部门都位于裸露的生产线的右侧。

"工厂 CIO 的工位就在那里。"雷内指着生产线右边一大片摆满上百个工位和双显示器工作站的区域说。

想不到这座工厂竟然有自己的 CIO，还有数量如此庞大的 IT 基础设施和员工。不过根据目测的运营规模，这里肯定还有无数个内部应用管理着整个从供应链到总装的流程。

每个人都穿着蓝色背心、蓝色夹克或者全身蓝的连体裤。有些蓝色工装搭在椅子或桌子上。雷内递给我一件绣着我名字的背心，让我从穿上它的那一刻起就有一种归属感。

"这些背心是防静电的，"弗兰克说，"在生产线周围，必须一直穿着。我们还会在您的鞋上安装特殊的静电放电装置。"他从自己背心口袋里取出几张静电放电贴纸递给了我。

"工厂内所有员工都得穿，包括 IT 人员、CIO 和 CEO，"雷内说。

我参观过的初创企业大多用品牌服装来传递他们的身份和文化，最常见的就是 T 恤和帽衫。但宝马的这些背心除了形式和功能之外，还有更多的作用。

我们看着 BMW 1 系和 BMW 2 系沿着生产线移动。雷内解释说："2017 年，我们日产量 980 辆，每 70 秒就有一辆新车下线。你看到的每件事情都是为了确保我们保持这样的生产速度和流量。今天晚些时候，我们还会看到BMW i3车型和BMW i8车型的生产，这是我们工厂最近的创新成果。”

我想起宣传册里曾经提及这个工厂耗资30亿欧元，代表着“生产、自动化、可持续性的巅峰”[3]。这个成本大致与一家半导体制造工厂相当。不过，尽管现代芯片工厂的建立也是为了持续创造更高端的处理器，就像科技含量更高的汽车那样，但发生在莱比锡工厂的事情有些不同。

在这里，每辆汽车都是根据客户的订单来定制的。这体现了“准时化”的理念。准时化指推迟加工和其他工作到最经济划算的最后时刻去完成，从而优化流程和资源使用。

“这家工厂不仅实现了准时化库存，”雷内继续说，“车辆的生产也是按照准时化顺序来供应的。”

“汽车下线的顺序与客户下单的顺序相同。每辆车都是根据客户的规格和喜好来量身定制的。”弗兰克补充道。

“汽车在生产线始终保持着相同的顺序？”我有点儿搞不懂他们是怎么做到这一点的。

“有意思的问题，”弗兰克继续说。“其实，生产线上有一段需要先将车身顺序打乱。然后需要将它们临时存放起来，随后再恢复顺序。这个过程非常复杂，也是我们工厂的瓶颈。”

“那么，瓶颈在哪里呢？”我用充满好奇和天真的语气问弗兰克。

“整栋建筑都是围绕着这个瓶颈来设计的。但在参观那里之前，让我们先去看看总装大楼。”弗兰克说。

弗兰克带着我沿着裸露的生产线继续往前走，我掏出手机，打开地图并切换到卫星模式。我看到了几十幢大型建筑连接在一起（图 2.1）。我以前自己攒过电脑，这些建筑的布局看起来和我当时使用的电脑主板惊人地相似，以至于我停下来愣了好一会儿才缓过神来，中央主楼看起来就像是 CPU 及其连线。

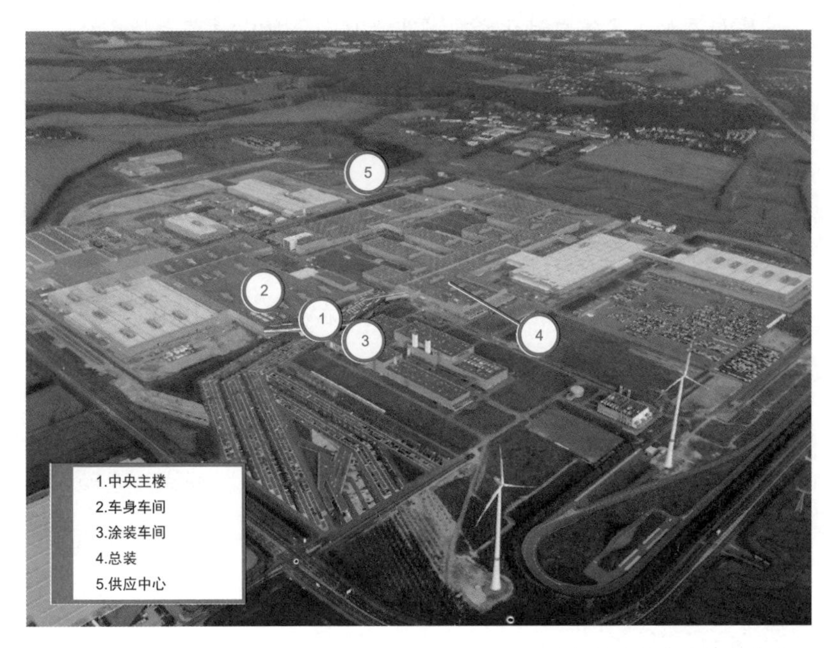

（照片经宝马集团许可使用）

图 2.1 宝马集团莱比锡工厂

“啊，是的，我们到了，”弗兰克开始用卫星地图讲解工厂的布局。“这里，你看到的是中央主楼，你能看到我们正在走近总装大楼，它的结构非常有意思，”弗兰克继续说。“我们称之为‘五指’结构。”

这栋规模宏大的建筑在形状上确实很像长方形手指和一只手。

“在软件架构中，设计的时候要考虑到可扩展性，”雷内说。“不过，也许很难看出来，这座工厂的建筑结构也是为主要生产线的可扩展性来设计的。”

“没错，”弗兰克补充道。“一旦有额外的生产环节添加到生产线，我们便能够延伸这些‘手指’的长度。因为拓展和添加了更多自动化和更多生产环节，所以总装大楼已经扩建了好几次。你看，这些‘手指’有长有短。”

弗兰克随后指向一栋看上去与众不同的建筑，虽然它是白色的，但也附属于这只“手”。

“这只‘手’里是 BMW 1 系和 BMW 2 系生产线，”弗兰克说。“那栋楼是新盖的，我们在那里生产 BMW i3 和 BMW i8 电动车。”

我想要更进一步仔细看看这栋大楼，所以出于本能地点击了地图上的 3D 按钮。地图切换到了“街景”模式，开始在这栋大楼周围导航。

“看那儿，”弗兰克说。“看见那些卡车了吗？”

他指着与总装大楼“手指”相连的大型卡车。

“雷内刚才说过，这座工厂实现了准时化库存。任何堆积的库存都是浪费。所以，零件都是‘准时化’交付的，就摆放在装配线右边备用。宝马集团在全球大约有 1.2 万家供应商，所以这样做效率很高，”弗兰克说，“到目前为止，让我们先忽略瓶颈，因为我们最后都要去那里吃午饭。让我带你直接去 BMW 1 系和 BMW 2 系的生产线。”

我们步入总装大楼，爬上悬在空中有三层楼高的狭长步道，沿着“手指”的方向向上眺望。这里的空间非常宽阔，走过去需要一些时间。场景看上去非常复杂，让人眼花缭乱。但这种复杂性并不像繁忙夏日里时代广场那样的混乱和嘈杂。相反，经过精心设计，数百台机器和移动中的零件以不可思议的规模实现了完美的秩序与配合。

这一阵容庞大的机械芭蕾舞生产了人类制造的一些最复杂的商品。超过 1.2 万家供应商、每辆车超过 3 万种零部件以及沿线的超大型专用功能设备，按照客户下单顺序每 70 秒钟就生产出一辆新车。

“米克，顺便说一下，你不能再用手机了，”弗兰克用友好但明显严肃的语气提醒我。

诺基亚敏捷转型失败的故事

借鉴汽车生产经验并将其运用于软件开发，这样的想法屡见不鲜。无数介绍敏捷方法的书籍都在借鉴精益制造，尤其是丰田生产方式。尽管我在访问宝马集团的工厂时早已熟知这些材料，但我认为我对先进制造的理解与我在这座工厂所见识到的有天壤之别。

我使用敏捷方法来进行日常软件交付的历程开始于 1999 年，我们当时的小规模的团队，使用了肯特 • 贝克（Kent Beck）的极限编程（XP）方法来开发开源项目。10 年后，在敏捷 2009 大会上，我展示了我主导的某个开源项目是如何运用敏捷方法的。这是我首次参加大会，我注意到当时最有意思的话题是大规模敏捷。

许多咨询顾问当时都以诺基亚为证据，证明敏捷开发方法可以在大型企业中实现规模化。“诺基亚测试”被频繁提及[4]。这是一种用来判断一个组织是否遵循了 Scrum 的简单方法。该测试由诺基亚西门子网络设计，并且进一步巩固了诺基亚作为规模化敏捷代名词和典范的地位。

我看到了规模化敏捷的潜力，所以当我的公司有机会参与诺基亚 2008 年收购的移动操作系统塞班（Symbian）时，我感到很兴奋。2009 年下半年，塞班的 CIO 成为我第一个约见的 CIO。这也让诺基亚成了 Tasktop 的第一家企业客户，我们当时支撑的项目是打通敏捷工具与开发人员的工作流程。诺基亚和塞班内部有一些富有远见的员工，还聘请了最好的外部承包商和思想领袖来帮忙指导他们的转型。

但问题在于，领导层的意图再好，组织转型的意愿再强烈，也改变不了所有努力注定会失败的结局。大量精力被投入到转型当中。每个人都说在做正确的事情，看上去也的确如此，而各方咨询顾问和厂商都宣称一切正常。

“诺基亚测试”提出了一系列问题，涉及开发部门是否在做迭代以及是否遵循了 Scrum 的原则，从而形成一种机制来测试每个团队的敏捷程度。诺基亚对敏捷转型的承诺，及其和我们合作的团队使用其建立的让人印象深刻的敏捷模型来跟踪活动的程度，都给我留下了深刻的印象。显然，高管们已经意识到，面对持续快速变化的市场，敏捷能够为企业的市场适应能力带来巨大的好处。

然而，随着我和越来越多的开发团队展开合作，不祥的征兆愈发清晰。让我印象深刻的是，虽然活动和模型的遵守有全面深入的度量，但这些团队并不清楚要通过这些活动得到哪些结果。我们当时是为诺基亚的开发人员提供开源工具，因此与开发人员的交流开始变得越来越多。我们注意到，当我们的工作越是接近组织架构图的叶子节点（即开发团队），这种脱节的情况就越是突出。

为了搞清楚怎样才能更好地将交付层与规划层连接起来，我意识到应该了解一下真相。我问我的主要联系人是否可以对不同团队的一些工程师进行访谈，以便更好地理解眼前发生的事情。结果令人大开眼界。

和我对话的开发人员对任何敏捷实践没有丝毫异议，并且持温和的赞成态度，但他们遇到的问题比这些敏捷实践大得多。他们的主要问题是下游构建、测试、部署的周期过长，这在一定程度上归咎于诺基亚强大的软件安全流程。他们在塞班操作系统架构上的问题更严重，业务想要推向市场的许多变更难以实现或太耗时间。塞班操作系统的结构设计无法满足所需的可扩展性，例如，它不支持安装第三方应用或者我们现在所说的“应用商店”。

最终，尽管开发人员总体上认可 Scrum，但他们的日常工作与更高阶的规划是脱节的，并且采用了另外一套完全不同的工具。他们选择的企业级敏捷工具并没有被开发人员使用，开发人员更喜欢更为简单的以开发人员为中心的工具。他们会在迭代（或“冲刺”）结束时，在做完工作之后，将当前版本中完成的工作记录成用户故事（一段从最终用户视角对软件特性所做的描述）。尽管用户故事具备现代一流敏捷工具的所有特性，但原本是一种流动和反馈机制，在这里实际上却被用成了一种文档工具。

这些访谈结束之后，我意识到转型出了问题。事后回想，这和我在莱比锡工厂看到的完全不同。在莱比锡工厂，每个生产指标都与业务息息相关，并且得到了全体员工的理解、经过了明确的定义、可见且实现了自动化。此外，在莱比锡工厂，业务侧对汽车生产有着深刻的理解。相比之下，在诺基亚，业务成功与软件生产指标之间的关系要么不明确，要么根本没有。

无论以何种方式进行度量，转型看起来都是一帆风顺的，所有正确的活动正在发生，包括敏捷工具的使用。但无论构建代码还是部署代码，整个过程中，开发人员都得忍受着巨大的摩擦。更严重的是，由于塞班操作系统的体量和架构，添加特性已经变得相当困难。

如果当初不是按活动来度量转型，而是按照效果或结果来度量，情况可以有显著的不同。开发人员遇到的重大瓶颈原本可以浮现出来。对诺基亚核心平台（塞班操作系统）的投入原本可以让它与苹果等新兴精于软件交付的对手一决高下。但由于开发与业务脱节，业务并没有得到这个关键的反馈。而在下游，脱节且低效的软件构建和部署，使得对此进行的任何改进都变得太慢。

在业务层面，身为市场领跑者的诺基亚非常清楚，自己需要在快速演变的移动生态中迅速采取行动和做出调整。这是推行敏捷的初衷：更迅速地适应市场及软件在其中日益增长的作用。尽管代理指标可以使诺基亚的敏捷转型看起来是成功的，但由于转型缺少实际业务结果而加速了企业的失败，诺基亚优雅的手机和按钮无法转变为以软件和屏幕为中心的移动体验。

这并不是说诺基亚在硬件方面并没有战略上的失误。比如，苹果发布的 iPhone 开创性地采用了电容式触屏，诺基亚却在这方面进展缓慢[5]。虽然硬件是诺基亚的强项，但最终，当苹果的 iOS 和谷歌的安卓操作系统成为手机平台的首选后，诺基亚败给了这两家软件经验丰富的厂商。

诺基亚在硬件方面有一套创新引擎和基础设施，堪称大规模生产时代的巅峰，但诺基亚既没有适用于软件时代的引擎和基础设施，也缺乏足以使自己意识到这点的管理指标或实践，到最后为时已晚。

如果我们退后一步，想象一下诺基亚的端到端价值流，就会注意到一点：这次敏捷转型只不过是对价值流进行了一次局部优化。换而言之，尽管这次转型投入大，但要交付一个能够支撑移动生态的操作系统，瓶颈并不在敏捷团队那里。

难道瓶颈是在敏捷团队的下游，因为缺少持续集成和交付能力？是架构本身的问题，因为无法支持这种特性与产品交付？还是在更靠近业务的开发上游，因为与交付和架构所需的投入（比如减少技术债）严重脱节，以至于他们意识不到敏捷规划可能无法带来任何预期的结果？

我的访谈为这些问题提供了线索，我觉得，由于业务部门的设想同开发和 IT 人员的认知存在着巨大的鸿沟，以至于业务侧根本搞不清楚真正的瓶颈究竟在哪里。这继而导致这次敏捷转型只是在端到端的价值流中实施的局部优化，几乎产生不了什么结果，也解决不了瓶颈问题。

即便团队事实上已经实现理论上的敏捷，但如果改变上游业务对交付结果的度量，诺基亚就真的能快速适应市场的变化吗？如果改变下游软件部署呢？如果从根基上改动导致开发人员速度放慢的组织架构呢？

在我看来，这种狭隘的、活动导向的敏捷观是导致诺基亚数字化转型失败的根本原因。转型失败使得快速迭代和向市场学习变得不可能，因为交付新功能（比如应用商店和优雅的主屏幕）的前置时间太长了。这阻碍了业务学习和适应的能力，而这种不适才是导致诺基亚衰败的关键因素。

第一条经验：要避免局部优化的陷阱，就要关注端到端的价值流。

在软件价值流的语境下，“端到端”这个概念包括整个向客户交付价值的流程。它涵盖各种职能，从商业战略和构思，一直到用度量工具确定客户群体最接纳哪些价值。在考虑对流程任何一段（比如特性设计或部署）进行优化之前，必须先理解整个端到端的流程并找出瓶颈。

让我们对比一下诺基亚所采用的方法和本章前面宝马集团的故事。整个莱比锡工厂的设计宗旨是可视化价值流，建筑结构是围绕着瓶颈来设计的。这些建筑结构可以扩展，能够支持生产技术的进化和市场环境的变化。尽管精通大规模生产的诺基亚在设备上的成熟度具备同等水平，但它无法将这些经验加以转化并应用于软件交付中。

接下来，我们要做进一步的分析，为什么业务与IT之间的脱节会形成这样一种环境，导致业务注定在启动数字化转型之旅后以失败告终。

DevOps 是救命稻草吗

人们很容易将诺基亚的软件转型失败归咎于敏捷或Scrum。但这种观点与宣扬诺基亚2009年的Scrum成功案例一样，都是有缺陷的。诺基亚的问题并不在于敏捷或Scrum，许多组织也像诺基亚那样用Scrum，但他们取得了巨大的成功。无论敏捷或Scrum对诺基亚是否有效，都说明该组织的问题超出了敏捷开发团队的界限。

肯特·贝克（Kent Beck）的著作《解析极限编程》中，探讨了伊利亚胡·高德拉特（Eliyahu M. Goldratt）的约束理论及其在敏捷软件开发中的适用性[6]。高德拉特有一个著名的论断：在瓶颈以外的任何地方进行投资都是徒劳的[7]。因此，诺基亚的敏捷转型是徒劳的。诺基亚本可以拥有全球支持力度最大的领导力和文化，实现两倍速的转型、获得双倍的敏捷力以及向敏捷转型投入双倍的资金，但就是偏偏没有将努力应用到瓶颈上，以至于最后无力回天。更糟糕的是，当时并没有对这一努力的结果进行度量。

采用持续交付等 DevOps 实践的话，能使诺基亚出现转机吗？也许吧。诺基亚已经使用了其中的一些实践，比如自动化测试。在我的访谈中，受访者报告了严重的效率低下，这些本可以通过《DevOps实践指南》中总结的其他关键实践来解决，比如自动化整条部署流水线、支持小批量交付等[8]。以我的经验，这些实践对高效的价值流至关重要，如果不用这些实践，它们迟早会成为瓶颈。

然而，认为在交付流水线中运用 DevOps 实践就能改变诺基亚的衰落，也是错误的。例如，如果业务和开发存在着管理或文化错位，就可能成为瓶颈，而且有许多迹象可以表明这一点。或者，如果架构像工程师们忧虑的那样混乱，那么也可能成为瓶颈。现在看来，最让人震惊的是，没有人看得到整个价值流，所以没有人知道瓶颈到底在哪里。然而，领导层当时正在为转型进行豪赌和投资。

如果诺基亚采用 DevOps 三步工作法（图 2.2），他们至少可以开始识别瓶颈。通过聚焦于从开发到运营的“流动”和“反馈”，诺基亚也许能看出部署的前置时间非常长。如果将“持续学习”的范围扩大，层面提升，不只是在开发部门内，也许公司领导层可以开始提出正确的关于组织结构或软件架构的问题。

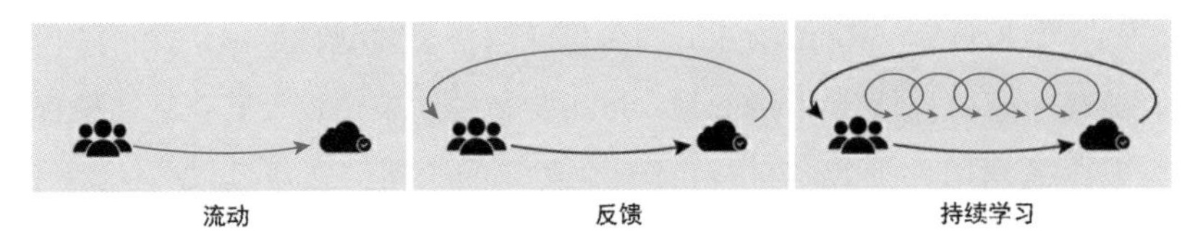

图 2.2　DevOps 三步工作法

但也不一定。倘若诺基亚对 DevOps 转型采取的是战术性的方式，那么就会聚焦于持续集成和应用发布自动化本身而注意不到架构或组织的瓶颈。在管理层面，他们没有基础设施和可见性，这些本来可以让他们看清整个价值流的现状。如果像对待敏捷那样对待 DevOps，DevOps 就不会上升到业务层面，而会沦为一种技术实践，改变不了最终的结局。

LargeBank 转型失败的故事

在诺基亚失败的时候，大规模敏捷和 DevOps 实践并不是那么广为人知。接下来这个转型故事尽管发生在近期且开始时也有类似的崇高目标，但最终还是摆脱不了未能交付业务结果的下场。这个故事促使我开始研究 DevOps 和敏捷的原则为什么无法规模化，我必须搞清楚这些失败是怎么来的，而不是放弃那些看似在过渡期垂死挣扎的组织。

我清楚地记得，2016 年 6 月，我乘坐波音梦幻客机从欧洲飞回我在加拿大温哥华的家和办公室，我回忆起和某银行 IT 领导进行的一次特别会议。我的座位离机翼很近，可以欣赏到机翼有机的美感；它们采用了柔韧的碳纤维复合材料使得飞机在爬升的时候减少了阻力。我访问宝马集团工厂是之后很久的事，但当时是我能回想起来的第一次尝试着深入思考整个行业中我们为什么能如此善于大规模制造飞机和汽车，但真正掌握规模化软件生产的企业却只有少数。盯着机翼的微妙变化看了个把小时之后，我意识到，我的思路卡住了，如同禅宗公案，令我参详不透。

我们将以 LargeBank 来指代这家银行，我对细节进行了脱敏处理。这家银行当时正在开展我所遇到过的最大规模的 IT 转型。LargeBank 是全球排名前二十五的金融机构之一，他们这个转型项目本身就是一堆令人印象深刻的甘特图，像拼图一样拼凑在一起，精准定义了两年的时间期限，触及整个 IT 组织的所有部分。值得注意的是，在其他大型机构，同样的剧情也在以类似的方式展开。

那是我第三次拜访 LargeBank，我大概每两年去一次。研讨会是这家银行每次大型数字化转型的保留节目，从未改变，这已经是第三次尝试了。许多工具厂商、咨询顾问和其他专家会参加。由于我公司的业务涉及集成各种敏捷和 DevOps 工具，所以我们有机会详细了解转型过程中所涉及的每个工具和流程，我们有机会接触到转型的细节。两年后，转型如果未能取得成效，负责的副总裁或高级副总裁会被解雇。然后又开始下一次转型，我会见到新的一批领导，并听取新的方法。就这样，我们要重新开始。

当时，LargeBank 启动第三次转型后，已经过了六个月了。这次转型的规模比之前大得多，涵盖 IT 的所有范围。时间跨度依然是两年，预算约为 10 亿美元。所有正确的转型、敏捷和 DevOps 的术语都要在会议上进行总结，内部演示看起来很出彩。然而，在目睹诺基亚以及随后其他糟糕的转型之后，我在这里也看到了同样的模式，估计世界上又要有 10 亿美元的浪费了，这些财富不会为价值交付带来任何可度量的改进。

对任何具备精益思想的人来说，这都是令人深感不安的，是我们希望尽全力去避免的。这个画面让我产生了要设计一套框架的想法，用它来帮助企业搞懂正在发生的事情以及正在犯下的错误，希望同样的错误不要再重复第四遍。也正是这个令人不安的画面促使我开始动手写这本书，在那次会议之后，我马上着手写了一篇题为“如何让你的敏捷 DevOps 转型毫无悬念地失败”的文章作为开始[9]。

第三次转型工作现在已经结束。一旦转型看起来偏离轨道，牵头转型的高管就可能被开除，牵涉到的其他 IT 和工具链领导也不例外。我再次有机会进行访谈和学习，受访者长期目睹转型关键干系人在转型之后变得比转型开始之前更糟糕。

虽然我一开始就断定转型不会带来生产力的提升，但听到转型反而使得企业状况进一步恶化且事情变得更糟，我依然感到震惊。我原以为，第三次转型将 DevOps 作为核心，至少有一点是成功的，只不过不是承诺的业务结果罢了。但这一次，从价值交付到人才留存来看，确实变得更糟了。

浪费 10 亿美元股东的资金或客户价值应当感到自责，但本书的一个关键假设是，业务和 IT 的领导层并非故意如此。在决策框架或者组织可见性方面，存在着一些固有的缺陷，导致这家企业一次又一次地陷入这种状态。

业务和 IT 脱节

为了理解 LargeBank 转型失败所带来的经验教训，我们需要更清楚地看到导致其失败的商业环境。LargeBank 是一家成功的金融服务机构，思想足够前卫，能够将十亿美元的预算划拨到 IT 部门。这家组织拥有数千个应用程序的组合，而且渴望在其数字资产上实现差异化和取得竞争优势，它对转型的组织和预算所做的承诺就是例证。换而言之，从战略角度看，该组织围绕软件时代给自己的定位远远超过了诺基亚，就连 CEO 都在为转型背书，但表象之下事情究竟如何呢？

在 LargeBank，IT 被 CFO 视为成本中心。转型能够削减多少成本，是需要度量和管理的业务结果。因为我合作过的许多组织都有这样类似的情况，所以一开始，我并不认为这是一个根本性的问题。然而，在采访了参与转型的人并听取他们的论述后，许多意料之外的结果似乎都在表明，这就是问题的根源。例如，单独管理成本就意味着 IT 可以在没有业务干系人深度参与的情况下实施转型。如果目标是成本，还有谁比 IT 部门更清楚如何降低基础设施成本、人员成本和其他管理费用呢？

在业务侧，并行实施数字化转型方案，其目标是设计和创造新手机和互联网数字化体验。然而，这些与 IT 转型是脱节的，就像是要给汽车打造一个很棒的仪表盘，却还没有任何汽车能支持所有这些神奇的新特性，即便有，也没有人见过。例如，仅仅在某个国家或地区对应用组合中的一部分做了概念验证。由于这种区域化，我们不可能知道这些移动体验是否能够在该银行遍布全球的所有类型的系统上实现。

这次转型再次成为 LargeBank 价值流的一次局部优化。在 IT 侧，转型只聚焦于 IT，却没有聚焦于价值，即那些需要向客户和企业交付的价值。而在数字化侧，转型忽视了能使数字化愿景成为现实的 IT 部分，比如可以支撑预期新用户体验的架构和交付流程。对转型成功进行度量，使用的不是以更低成本交付更多业务价值，而是成本缩减和遵守转型项目的时间表。从这个意义上说，结果是在意料之中的。成本降低可以实现，但不能使实际的交付能力也大幅下降。这是在转折点摸索未来生存之道的秘诀，它为初创企业和科技巨头选择进入市场打开了大门。

第二条经验：如果只按成本来管理转型，势必会降低生产力。

落入成本中心陷阱

LargeBank 十亿美元预算的转型项目从职能上划分成无数个子项目，所有这些子项目排入两年的期限中。由于以项目方式进行管理，所以它们的目标就变成在截止时间之前按时按预算实现成本降低这一业务目标。如果在这个规模浩大的项目中，每块拼图都能够彼此严丝合缝，并且都能按时按预算交付，是否就意味着成功了呢？从活动和项目导向的角度来说，答案是肯定的。但业务结果呢？怎样度量每个环节？如何从数万名人员、数百个流程和数十个工具之中识别出瓶颈呢？总之，做不到。

在这里，我们找到了脱节的根源。当 IT 被视为成本中心时，转型就会呈现出相同的思维模式。这样一来，转型的关注点就变成了在项目周期结束时能够成功降低成本。然而，高管层面却聚焦于使这次转型成为良好的商业案例并取得敏捷和 DevOps 所标榜的收益，比如更快的上市时间、提供更具竞争力的产品、更高效的交付。然而，一个仅根据成本来进行管理的组织并不会度量这些结果。降低成本的确可以是转型的关键构成要素，所以这并不是个问题。问题在于，在降低成本的同时，以成本为中心的框架并没有带来更快的速度、更高的生产力或者更高的效率，更少的成本并没有带来更多的业务结果，反倒是让业务结果显著变少了。

鉴于 LargeBank 转型的复杂程度，使用的度量指标并不只有成本指标。还有遵循敏捷模型的团队数量等常见的敏捷转型指标以及每日部署次数等 DevOps 指标。但这些都是活动指标，而不是结果指标。

IT 团队可以每天部署上百次，但如果他们开展的工作和业务诉求无关，那么业务想要的结果就无法实现。再一次，只有在培训或部署成为瓶颈时，“接受过敏捷流程培训的人员数量”或“每天部署次数”这样的代理变量才有意义。但是，一旦业务与 IT 脱节，敏捷团队和 DevOps 流水线就永远没有机会成为瓶颈。

问题并不在于使用的是代理变量指标，而是在于我们依赖于代理指标来做决策，而不是寻求与业务结果直接对应的指标。杰夫·贝索斯（Jeff Bezos）2017 年在致股东的信中谈到了要抵制代理：

> 抵制代理
>
> 随着企业越来越大、越来越复杂，会产生一种借助代理来进行管理的倾向。这会呈现出不同的形态和规模，这是危险的、难以察觉的、典型的“第二天”心态。
>
> 一个常见的例子是把流程当作代理。优秀的流程服务于你，以便你能够服务于客户。但稍不留神，流程就会变成怪物。这在大型组织中非常普遍。流程成为你想要的结果之代理。你将不再关注结果，而是一心确保自己是在正确遵循流程[10]。

在业务的其他部分，我们有基于结果的指标，比如收入、日活跃用户数以及净推荐值（NPS）。问题在于，组织没有一套公认的指标来度量和跟踪 IT 部门的工作，因此只好选择这些代理。错误的指标并没有度量价值交付的流动，而是度量 IT 项目的“成功”执行。在下一章，我们将深入研究一种新的基于结果来跟踪价值流的方式。但首先，需要进一步探究以项目为中心的思维模式用于生产中的起源及其存在哪些问题。

从拼图到飞机

LargeBank 的方法为什么与宝马集团莱比锡工厂的方法如此不同呢？是因为生产汽车更简单？它能更容易实现端到端的度量？宝马集团如何如此迅速地转变造车方式并在从来没有大规模生产过电动车或碳纤维车身的情况下创造出 BMW i3 和 BMW i8 生产线？就大规模生产时代所掌握的成熟度、度量和适应性水平而言，宝马集团只是其中的个例。

再来看看另一个高度复杂的人工制品波音 787 梦幻客机，它也是大规模生产时代的缩影，包含 5 400 家工厂生产的 230 万个组件[11]。纵观整个价值流，波音公司管理着 7.83 亿个零部件的生产，每年要交付数百架飞机[12]。它需要使自己的产品保持数十年的市场领先地位，并将公司的未来押在推出的每一款新产品上。

宝马集团和波音公司是如何做到既能够管理现有生产线，又能转型业务来支持新的产品线并不断适应技术、竞争和市场变化的呢？归根结底，它们并没有陷入项目管理的拼图僵局，而是掌握了一种以产品为中心并向市场交付价值的视角。

我第一次接触这种视角是因为盖尔·墨菲（Gail Murphy）的缘故。当时我在读软件工程三年级，而盖尔是我的教授，他给我讲了波音 777 的生产故事。波音 777 是波音 787 的前身，是波音的第一款“电传”飞机。也就是说，机载软件必须工作，因为这款飞机完全由软件来控制机翼和方向，并且要防止飞机从天上掉下来。据盖尔讲，由于该软件至关重要，所以波音决定让所有软件工程负责人参与试飞。在试飞期间，飞机开始晃动，而软件工程师们能够借助湍流控制软件来实现飞行姿态校准[13]。哪个组织会像这样让软件负责人共担产品开发中如此高的风险呢？我找不出比这更好的例子。

波音对生产和长期持久性价值流带来的业务影响有着深刻的理解，其下一代飞机787梦幻客机在生产过程中发生的一件事，更是凸显了这一点。787梦幻客机项目是波音迄今为止最有雄心的项目，软件密集度甚至高于波音777。相比以前采用效率低得多的发动机排气系统的飞机，梦幻客机是第一架从机舱加热到机翼结冰保护完全采用电气平台的商业客机。[14] 此外，为了获得更低的飞机生产成本，波音决定大刀阔斧地重组供应链，所有飞机都要换用碳纤维材质的机翼和机身部件。以上这些及其他的复杂性导致这个项目一再被延期。

2008年，我在关注这个项目时，从新闻中得知交付再次延期，而这次的原因看起来更有意思。据报道，梦幻客机的总经理说"问题并不在于制动软件，而是在于该软件的可追溯性出了问题。"[15]

这引起了我的兴趣，不仅因为我很高兴看到交付的新飞机将搭载功能正常的制动软件，也是因为巧合，我当时正在开发Eclipse Mylyn开源项目的功能，要能够将软件需求和缺陷自动化关联到开发人员处理这些工作项时修改的代码行。对我和我当时做开源的同事来说，必须手动输入ID来确保可追溯性是非常乏味且很容易出错的，而由于Mylyn开发工具总是知道开发人员正在做哪个工作项，所以要想做成自动化，显然很容易。

由于Mylyn项目有几百位贡献者，所以我要求每行代码的每个改动都要能够追溯到其源头特性或缺陷。否则，每次有与代码相关的新工作进来，我们就只能手动搜索当初为什么会有这段代码。但这样做太麻烦了，这个项目有几百万最终用户一直在持续提交缺陷和需求，依靠有限的资源进行手动搜索行不通，所以我添加了一个新特性来实现自动化。但波音公司为什么会不惜冒着飞机交付时间进一步延期的风险来关心可追溯性呢？波音肯定能用某种模型来了解进一步延期的巨大成本或风险。而且，他们不可能和我们一样有资源限制，所以他们对可追溯性的诉求肯定有某种更深层的原因。

经过进一步研究，我了解到了一些更有意思的事情。记得有次访问波音公司时，我了解到他们设计的飞机大概要持续生产三十年，随后还要维护三十年[16]。也就是说，他们要提前考虑六十年的软硬件支撑成本。那款制动软件外包给了通用电气，而后又被转包给 Hydro-Aire[17]。随后，Hydro-Aire 使用 Subversion 源代码管理（SCM）系统交付了可工作的制动软件，并将源码和二进制包交付给了通用电气和波音[18]。软件原本工作正常，能够通过测试并且也满足需求[19]。然而，软件的源代码与需求之间没有任何可追溯性链接[20]。事后添加可追溯链接不仅困难而且还容易出错。从业务层面来看，考虑到六十年的维护期窗口和合规认证的开销，波音知道，最经济的决定就是重写制动软件。

尽管梦幻客机的复杂程度很高，生产所需要的转型规模也很大，但波音公司最终仍然造出了这一款令人惊叹的产品，在市场上取得了有目共睹的巨大成功。波音对产品开发的理解中，有哪些是如此多 IT 组织没有理解的呢？除了常见的一年或两年项目周期之外，波音做了怎样的思考和计划使其能够基于技术细节来做出如此重大的商业决策？我们如何使自己的组织跳出企业 IT 项目的固定拼图思维模式来实现我们在波音和宝马集团的工厂和组织中所看到的生产卓越呢？我们如何从项目思维转向产品思维？

第三条经验：工程 /IT 和业务必须挂钩。

揭秘产品开发流程

如果你在软件初创企业、科技巨头或现代软件厂商工作过，可能会觉得这没什么可以大惊小怪的。对于软件产品来说，当然不只是最小化成本，还有收入、利润、活跃且满意的用户数，以及其他所有填入“目标和关键结果（OKR）系统”的指标。科技公司之所以比企业 IT 部门的同行更成功，主要原因之一是前者会对软件交付所带来的业务结果进行跟踪，并且将软件交付视为利润中心，而后者陷入了玛丽·波彭迪克（Mary Poppendieck）所说的“成本中心陷阱”[21]。

这种成本中心方法难道是大型企业组织特有的吗？想像一下波音这样成本意识强的大公司是如何管理梦幻客机生产的。当然，成本确实是一项关键因素，但波音的成功不仅取决于成本缩减，还取决于每架飞机在其生命周期跨度内的市场认可度和盈利能力，这就是波音本能地从长远来看待其软件可追溯性的原因。波音公司知道，如果软件维护成本太高，或者当前或未来的法规变化无法在软件中轻松得到解决，肯定会影响到波音这款客机的生命周期盈利能力。

波音在整个经营过程中体现了自己是将飞机开发视为利润中心。相比我们在 LargeBank 所看到的，波音的业务以截然相反的思路进行目标、指标、文化和流程的设置。我并不认为波音的成本意识有任何程度的减弱，它一直致力于降低每架飞机的生产和供应链成本。但这样做的同时，波音还要寻求提升收入和盈利能力，因此会做出一系列完全不同的决策，比如对价值流中的模块化能力进行投入，以实现对遗留产品的现代化改造。举个非常明显的例子，对波音 747 的现代化改造决定是，将 1969 年首飞的这种机型改为采用波音 787 那样的机翼和发动机，从而得到波音 747-822。

另一个例子来自我参观宝马集团莱比锡工厂时的见闻。由于大规模自动化和 70 秒的节拍时间（为满足客户的需求量，完成某个产品环节所必需的速度），BMW 1 系和 BMW 2 系的规模令人赞叹。但让我印象更深刻的是，就像我在接下来的故事中要讲的，BMW i3 和 BMW i8 生产线的建设采用的方式与以往截然不同。

在不断变化的市场中，宝马集团无法确定电动车的市场接纳程度和盈利能力。因此，为了支持在进一步投资生产线自动化之前向市场学习，宝马集团创建了一套生产架构。盈利能力和产品 / 市场契合驱动着价值流的架构，不能本末倒置。这与 LargeBank 的方法（即 IT 为了 IT 自身而转型）相比，又是一个 180 度的反转。无论生产基础设施、架构还是管理方法，全都截然不同。此行我还同时访问了 LargeBank 和宝马集团，彼时我在返程的波音梦幻客机上，在头抵舷窗上的那一刻，我恍然大悟。

如果你了解唐纳德·赖纳特森（Donald Reinertsen）在 *The Principles of Product Development Flow* 一书中提到的概念，就不会觉得陌生。对为何要摒弃使用代理变量并避免采用单一经济目标的度量方式，赖纳特森给出了一个非常明确但令人信服的理由：生命周期利润[23]。然而，取决于你在公司或产品成熟度曲线中的关注点，这个目标可能会有变化。

在《梯次增长》中，摩尔给出了一个模型，包含四个不同的投资梯队（图 2.3）[24]。生产力梯队聚焦于产生净利润，包括人力资源 HR 和营销等体系。绩效梯队聚焦于产生营业收入，包括收入的主要驱动部门。孵化梯队聚焦于开发新产品和新业务，而随后它们被转到转型梯队，用于进行破坏性进攻或防御（在为不同的产品线定义价值指标时，必须明确所在梯队及其目标）。例如，在转到转型梯队之前，在孵化梯队的业务目标可能是月活跃用户数，而在转型梯队，虽然也关注利润，但更关注收入（图 2.3）。

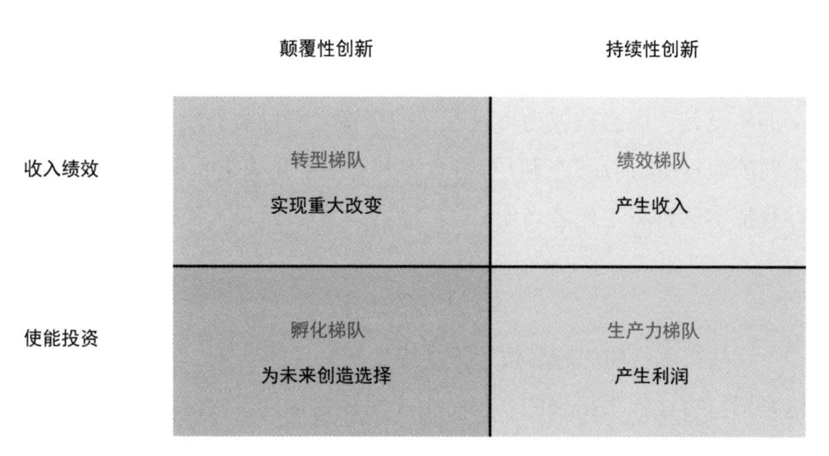

图 2.3　梯队管理[25]

在数字化转型中，许多组织都会犯一类错误，那就是使用来自生产力梯队的指标“成本和利润”来度量整个 IT 和软件交付的能力。在软件时代之前，IT 可能已经全部下沉到生产力梯队。但是，数字化转型的整体目标是组织能够在其他的梯队发布和管理产品，这将决定着组织未来在市场中的重要性。

项目导向与产品导向的对比

项目管理是一种实践，曾经取得了世界上最引人注目、最令人印象深刻的一些成就。甘特图一直是公认的项目管理的代名词，它由亨利·甘特（Henry Gant）在 1917 年所创，随后被用于建造胡佛大坝——当时最大的混凝土结构体。当时处在钢铁时代展开期的末尾，为了提升和扩大劳动效率，在泰勒主义实践中得到了采用。那些实践提供了一种方式来创建标准工作流程和最佳实践，还带来了大规模的劳动专门化和分工。

尽管这可能并非泰勒的本意，但在其他人的实践过程中，泰勒主义的假设是人应当被视为可以互替的资源，可以被分配和重新分配到不同的项目中。而后，亨利·福特意识到去中心化决策和自主的重要性，并且证实这种将工作者当作机器的做法，不只是反人类，而且还目光短浅。

这些根本性的问题导致了大规模生产时代的到来。在一定程度上，这是福特方法催生出来的。福特主义明显更加注重实际做事的工人、他们的培训及其经济福祉[26]。在大规模生产时代，卓越的企业都是基于福特主义来构建的，并使用丰田的安灯拉绳[27]等创新方式来进一步打通生产与业务并以此为基础来实现扩展。

其有效性正是我在宝马莱比锡工厂中参观时所注意到的。这段经历促使我得出一个结论：许多企业的 IT 组织仍然想方设法在用钢铁时代的泰勒主义来打造以项目导向的世界。这种脱节，造成了企业领导者和技术人员之间巨大的沟通障碍。

软件交付本质上是创造性工作。软件专家擅长于一有机会就对重复的流程进行自动化，人只负责做剩下的复杂性工作以及人更擅长的决策等工作。将一百年前的管理框架套用于需要参与数字化资产竞争的组织中是徒劳的。为了使这一点更具体，表 2.1 对项目制和产品制进行了对比。

编制预算

编制预算是构建 IT 和软件投资最重要的一个方面，因为这对组织行为有很大的影响。项目预算编制认为，市场和资源是高度确定的，因为它设定了一个固定的最终目标，并且以按时按预算来度量成功。它还会刺激利益干系人尽量多争取预算，因为预算必须把项目时间周期内的所有不确定性要素都包括进去。此外，要获得更多预算，就必须付出巨大的努力或者新立一个项目。

这种错配在表 2.1 中一目了然。DevOps 和敏捷要做的事是，通过创建反馈回路来解决软件交付固有的不确定性，让业务从回路中收到反馈，并根据反馈进行调整。项目的确定性越高，越能够在项目计划中做好长期的资源分配。然而，由于软件交付高度复杂，同时转折点导致市场固有的变化速度加快，所以所有这些不确定性成为项目计划中固有的一部分，不仅会产生巨大的浪费，还会使企业并不清楚什么事情才是正确的，导致其重视活动和代理指标，忽视业务结果的增量交付。

在孵化梯队和转型梯队，不确定性大于确定性。于是，为了在项目开始的时候实现最终的项目目标，项目计划便会鼓励将发布及客户测试推迟。由于去除了从市场进行迭代式学习并进行相应业务转向的能力，导致了产品 / 市场契合（PMF）的风险成倍增加。

表 2.1 对比项目导向的管理与产品导向的管理

类型 维度	项目导向的管理	产品导向的管理
编制预算	为里程碑提供资金，在项目确定范围时已经预先设定。新的预算需要新立一个项目	根据业务结果为产品价值流提供资金。按需进行新预算的分配。鼓励交付增量结果
时间跨度	项目的时间期限（比如一年）定义了终止日期。在项目结束之后不再关注维保	产品生命周期（数年），包括生命周期结束前的持续性的健康 / 维护活动
成功	成本中心方式。以按时和按预算来衡量成功。开发资本化的结果是项目太大。受此激励的企业，会提前要求它们可能需要的一切	利润中心方式。以业务目标和结果达成（比如收入）来衡量成功。聚焦在增量价值交付和定期检验
风险	通过强制提前进行所有的学习、需求编写和战略决策，交付风险（比如产品 / 市场契合）被最大化	风险分摊到整个时间跨度和每个项目迭代中。这创造了期权价值，比如，当发现交付假设错误时终止项目，或者当出现战略机遇时进行业务转向
团队	给人安排工作：提前为工作分配人员，人们通常会跨多个项目，项目人员频繁流失或重新分配	把工作给到人：工作被分配给价值流上稳定的、增量调节的、跨职能的团队
优先顺序	由项目组合管理和项目计划驱动。聚焦需求交付。项目驱动的瀑布导向	由路线图和假设测试驱动。聚焦于特性和业务价值交付。产品驱动的敏捷导向
能见性	IT 是个黑盒子。PMO 创建了复杂的映射关系，晦涩难懂	直接映射到业务成果，做到透明化

相比之下，产品导向的管理聚焦于对每个投资单元所产生的业务价值结果进行度量。那些单元是指产品，它们向客户交付价值，因此，度量必须着眼于这些业务结果。新价值流的增资决策需要基于产品的商业场景来制定，就如同对那些价值流进行持续投资一样。

这种方式不必破坏年度规划周期。比如，在 Tasktop，我们会为产品和工程部门创建年度预算，并由董事会签署；但每个季度，我们都要审查这些预算在产品价值流中的分配情况，比如，一旦孵化梯队中的某个新产品通过了客户验证，我们就会为它增加人员。

为了更迅速地响应特定价值流的成本超支或营收机会，已经有人提出了更激进的精益预算方法。无论采用年度制还是更频繁的预算制定周期，重点在于产品才是投资单元，而项目不是。

时间期限

项目导向的管理所面临的最大问题之一源自对时间期限的考虑。一个项目有确定的时间期限，在这个期限之后，资源就会逐渐减少。这对建造摩天大楼非常有意义，因为项目的终点明确且易于理解：摩天大楼建成后，项目进入维护期。然而，对于产品来说，无论是软件还是硬件，只有生命周期，没有明确的结束时间。产品的生命可以终结，比如，谷歌已经砍了几十款产品，包括谷歌阅读器和谷歌 Wave。因为围绕软件产品的生态系统在持续演变，只要产品还可用，就有待修复的缺陷和待实现的新的特性。

项目导向的思维模式认为，软件产品完成创建和发布之后，一旦进入维护模式，对产品的投入就会减少，只占原来的一小部分。这会带来许多非预期的后果。例如，我合作过的一个企业组织对数千名 IT 人员做了一次调查，对项目管理的情况进行评估。他们发现，在组织的不同部门中，平均一名工程师一年要做六到十二个项目不等。

在 Tasktop 的早期，我也亲身经历过将人员和团队分配到多个开源服务项目中的情况。我注意到，当一名工程师被分配到多个价值流时，生产力会骤减。之所以会出现这种人员配置的反模式，是因为年度项目人员分配制度以及认为在维护过程中项目不需要多少工作的想法，让人觉得任何人只需要花一点点时间就够了。然而，现实情况是，只要产品有人在使用，就需要进行日常修复，而且如我所见，这种打击会成为幸福感和生产力的主要拖累。

一些组织通过将软件外包给全球系统集成商（GSI）等组织来进行项目结束后的软件维护。这再一次降低了可见的软件维护成本，在资产负债表上，可能会将它作为一项负债删除掉。这种外包在理论上似乎可行，但因为需要越跨组织边界，所以会严重破坏流动和反馈回路。此外，这会进一步加剧软件同业务脱节。因为软件一直需要修改和升级，所以如果软件是业务的核心，这样做势必会削弱持续交付业务结果的能力。

从经济视角来看，软件项目结束这个伪概念也是错误的。随着国际财务报告准则（IFRS）的收入识别规则在美国实行，以往认定的一些经济收益将被排除在外，同时还可能会消除资产负债表对外包的偏好。而在产品导向的管理中，关注点必须在生命周期成本和盈利能力上，正如此前的波音那样。

事情会越来越糟。按照这种“项目结束谬论”，组织看不到软件交付的关键经济因素。比如技术债务，这是下一章我们要论述的一个核心概念。正常软件开发会不断积累技术债务，这会产生各种已经有据可查的问题。如果这种债务得不到定期消除，要想在软件中添加特性或修复缺陷，其难度和成本就会变得令人望而却步。

我们从诺基亚的故事中了解到，技术债务是一个重要的失败原因，技术债务加速了诺基亚丧失其主导的移动手机市场。在项目导向的管理中，不会有降低技术债务的动机，因为技术债务的影响要到项目结束之后才会显现出来。这导致企业创建了应用组合，却进而又被这些应用带进了死胡同，这还会导致持续积累越来越多的遗留系统和遗留代码。

成功

在领导层，我们对组织和团队设定的衡量成功的标准，将决定着组织和团队的行为。项目导向的管理倾向于采用成本中心方法，至今，这在企业 IT 组织中仍然很常见。我们在 LargeBank 的故事中已经看到，期望从成本中心的角度来提升业务价值的交付，毫无意义。

项目导向的管理还会带来一些副作用，使其与 DevOps 原则背道而驰。例如，软件开发的资本化鼓励创建大型项目。它鼓励干系人提前多要预算，要考虑项目过程中所需要的一切可能，这直接违背了精益思想以及持续学习的理念。那些正在驾驭转折点的企业会根据业务成果来度量软件投资，比如内部采用或者创收。这样做会形成快速学习的管理文化，实现增量价值交付和定期检查调整。

如图 2.4 所示，产品导向使组织能够将目标对齐到业务结果上，而不是对齐到职能筒仓上。

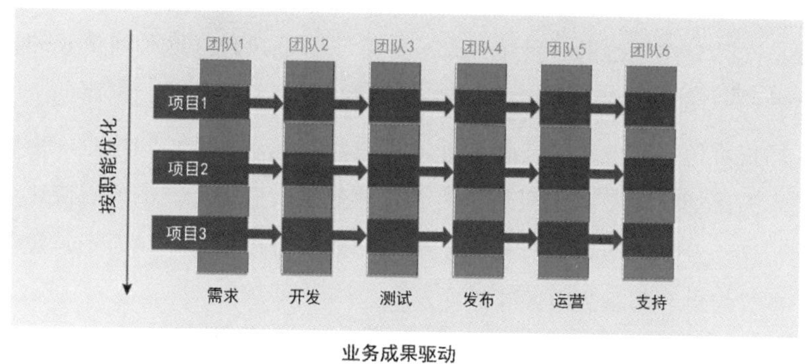

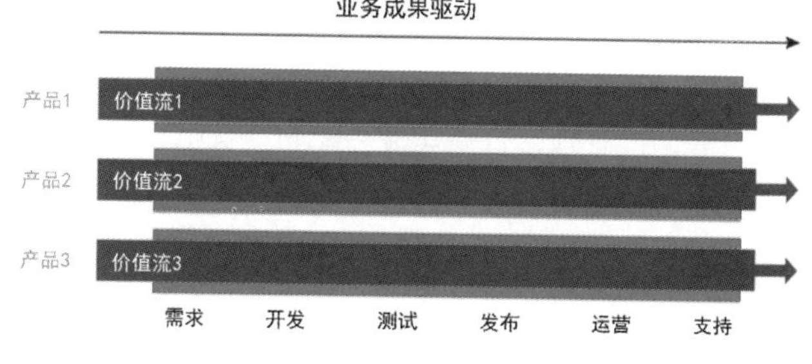

图 2.4　职能优化和业务结果

风险

项目导向的管理旨在对项目过程中可能发生的所有风险加以识别并建立应急方案。然而，这需要提前了解所有风险。这在某些领域中是可行的，但在高度不确定且持续变化的软件交付世界中是行不通的。

Cynefin（读音为“ku-nev-in”，威尔士语，意为“居住地”或“栖息地”）框架提供了一种决策上下文的分类，包括显然、繁杂、复杂以及混乱[28]。由于技术栈和市场的快速变化，软件方案往往会落在复杂和混乱区域。然而，项目导向的管理是对显然和繁杂这两种情况进行优化，最终，组织会在项目中进行大量预留，以便应对在项目过程中才可能发生的任何突发情况。这会导致过于保守的时间期限设定以及膨胀的预算金额。但即便如此仍然无法避免产品的市场风险，在市场环境中，任何预先计划都不如经常对假设进行检验和学习更为有效。

与项目导向的管理相反，精益创业和最小可行产品（MVP）等方法是产品导向思维的关键组成部分。除了降低风险，这种增量式的产品导向方法还允许业务在进行常规检查时进行业务转向，因而创造了选择权价值。即使这并非毫无开销，更频繁地进行审视和检查，需要成本高昂的管理带宽。但是，由于软件的复杂性和所在市场的快速变化，这一开销被很好地分摊到了整个产品生命周期之中，而不是发生在项目启动和即将失败的时候。

团队

沿用项目导向的管理，资源会被分配到项目中。这符合泰勒主义哲学，认为每个人都是可替代的、可消耗的。在软件交付这种最复杂的知识工作学科之中，这种想法彻底失灵了。

现代软件价值流构建于数百万甚至数千万行代码之上。在 TaskTop，我们代码库中最复杂的部分需要一名资深且经验极为丰富的开发人员花六个月的时间才能加速到最高生产力。可想而知，每十二个月就将人员分配到新的项目，这样的做法会对生产力有多大的影响。不幸的是，即使这样都还并不是常态。大多数企业 IT 组织并不会对开发者的生产力、参与度和生产力加速时间进行建模或者度量，并且按照泰勒主义的思维方式，也无法察觉到这一类成本。

成本加上 IT 专业人员的个人生产力和幸福感，才是团队的成本。心理学家布鲁斯·塔克曼（Bruce Tuckman）提出，处理复杂问题的团队会经过组建期、激荡期、规范期和绩效期四个生命周期阶段[29]。人员重新分配会打乱这一规律，人员变动越多，团队的生产力成本越高。

项目导向的管理所采用的“把人员安排到工作”的方式不适合软件交付这样复杂的知识工作。高绩效的软件组织已经明白“把工作带给人员”更为有效。长期存在的团队，可以逐渐建立起专业知识（无论是个人还是团队）和人际关系，使速率和士气都得到提升。这还会带来其他好处，比如，问题会在组织的最底层得到解决，而不会因为计划的变更而使问题够灵活以至于不断地上升到管理层进行决策。

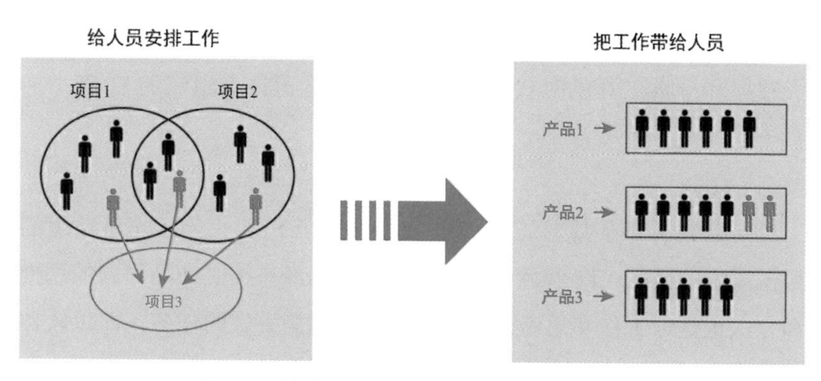

图 2.5　给人员安排工作与把工作带给人员

在大规模软件交付中，为了使团队和专业知识得到最大化的提升，最优的人员匹配方式是在团队和价值流之间进行一对一的匹配。采用特性团队就是这种匹配的一个例子，只不过规模更大的产品，其价值流通常涉及多个特性团队。

优先顺序

在项目导向的管理中，项目计划驱动着优先顺序。在管理开销、沟通和协作方面，对计划进行变更的成本很高，因此对计划的调整倾向于最小化。在软件交付方面，这会带来一种促进“瀑布式”软件交付模型的倾向，因为这种模型本来就符合级联的项目计划。尽管这很适合具备高度可预测性的项目，但对软件交付来说，这是反生产力的。产品导向的管理基于产品特性路线图和持续的假设测试来设置优先顺序。在组织层面，这意味着将 DevOps 的反馈和持续学习原则应用于组织的各个层面，直达高层管理。

可见性

最后或许也是最重要的，是可见性的问题。在本章前面回顾的诺基亚和 LargeBank 例子中，一个共同的主题就是业务和 IT 之间的脱节。脱节的源头在哪？具有如此开阔视野的领导层和业务代表，怎么可能缺少对 IT 的可见性呢？在我们这个随处可以接触到大数据和分析工具的时代，怎么还是让人觉得许多组织的 IT 像个黑盒子呢？

问题并不在于数据访问，而是在于 IT 工作和业务运作所使用的数据模型的错配。IT 和软件交付专业人员已经在按照产品导向的思维和方法论进行工作和思考。那是企业交给他们去做的任务，即以软件产品来交付价值。然而，如果业务侧仍按照项目进行思考和管理，就需要不断在软件交付迭代型的本质与项目及项目组合管理、挣值管理等技术更静态型的本质之间进行映射和重新映射。

最终结果就是所谓的“西瓜”现象[30]。当工程领导被项目经理理问及是否一切正常时，回答是肯定的，因为这个问题本身是模糊的。如果一旦发布独立上线，而业务目标没有达成，那么很明显，项目并非一切正常。项目外面是“绿色的”，而里面却是“红色的”，就像西瓜一样。但问题的根源不在于项目，而在于所使用的管理范式根本没有以处理软件交付中的复杂性和动态性为目的。

小结

这种业务与 IT 的脱节是 IT 和数字化转型失败的核心原因，它表现出的特点包括项目高于产品的思维模式，强调成本高于利润，遵循时间期限高于交付业务价值。我们的组织需要从上一个展开期学到这点，之后才能同当下这个时代的新贵们一较高下，并为下一个十年的蓬勃发展奠定基础。

挑战在于，在企业 IT 规模上，我们还没有可以用来管理大规模软件产品交付的管理框架和基础设施。在下一章你会发现，流框架（Flow Framework）提供了一种根据业务结果而不是根据技术活动来管理软件交付的新方法。

流框架的目标在于，打通业务驱动的数字化转型及其技术转型支撑体系之间的断层。如果数字化转型聚焦于流程和活动，而不是业务结果，将不可能取得成功，等企业能够意识到这一点时，很可能为时已晚。组织结构图和 Scrum 团队这些概念将一如既往地重要。但对于想要成为软件创新者的组织，这些概念的重要性都不及产品导向的价值流。流框架可以确保组织转型植根于连接、度量和管理你的价值流网络，这是成功实现规模化价值交付所必需的关键一层。

无论是转变为产品导向的管理还是流框架，都不足以确保能够在软件时代取得成功。为了能够将软件产品带入市场并适应市场，组织需要一种管理文化以及理解快速变化的市场。但在思考如何交付更多价值之前，我们首先必须定义如何衡量软件交付的业务价值。这就是流框架的用武之地。

第 3 章

什么是流框架

至此，我们发现企业 IT 组织正在尝试套用上一代管理机制来指导实施现阶段的软件交付。几十年来，IT 软件交付的成本一直在增长，并已经成为业务发展中最大的成本，但是我们的组织对此还缺乏足够的可见性和理解力。同时，科技巨头和数字化初创企业已经掌握了足以任其驰骋于软件时代的管理框架。许多企业的技术人员也如此，他们正在努力推动组织采用 DevOps 和敏捷实践，因为他们知道这对转型至关重要。

但问题在于，业务并不理解现代软件交付方法的原理。例如，企业仍按照一系列项目或某种成本中心的方式来管理 IT 工作，却没有采用在大规模生产时代胜出的产品思维。

我们需要使业务适应这种产品思维，并能够像支撑生产零部件的方式来支撑软件组件（尽管两者差异很大）。我们需要一种新的框架来将敏捷精益最佳实践上升到业务层面。我们需要定义以业务结果为导向的指标，而不是依赖于以活动为导向的代理指标。

本章中，我将介绍流框架（Flow Framework）这种连接业务与技术的新方法。流框架的本意并非帮助你发现市场变化或制定产品战略来消灭颠覆者，而是为你提供一个桥梁来连接业务战略与技术交付。

流框架开启了IT的黑盒子，使你可以建立起整个组织的反馈回路，向客户加速交付业务价值，并让组织通过学习来适应软件时代下半场的市场。

为了支撑流框架的落地，本章引入了“价值流网络”，这是一个必须要有的关键基础概念，能在软件交付中实现制造业那样的自动化和可见性。本章最后对流框架进行概述，并定义该框架四大核心流动项。不过，在进一步学习之前，让我们再次探访莱比锡工厂。

宝马之旅 生产线徒步

俯视运行中的BMW 1系和BMW 2系生产过程，很难不惊叹于机器人和身穿蓝色背心的生产线工人精心设计的动作。我们绕着装配大楼走了大约一英里，放慢脚步查看各种工作站。其中一些是全自动的，大型机器人可以进行焊接、装配和粘接。其他的则需要工人执行错综复杂的装配。弗兰克带我们来到生产线的一个尤其复杂的工作站前驻足，他指着一些线束介绍这些线束是如何形成汽车的电子神经系统的。

“都不一样，”弗兰克说。“每辆车都是定制的，所以这意味着电子组件的选项有数不清的组合。因此，在到达生产线之前，需要专门为车辆装配线束。”

弗兰克接着介绍，在生产线上装配线束非常复杂。他解释说，如果安装出了问题，而且没有在70秒的节拍内完成，就会有人拉动（安灯）拉绳。而后，下个工作站的人就会过来援助帮着完成这项任务。生产线的设计能够确保这种高度复杂的任务能够可靠地完成，无需从生产线上移出车辆进行返工。

弗兰克解释说，此时此刻，若是把一辆车从生产线上拉下来的话，会非常麻烦，因为下游的生产线还有好几英里。每一个工作站都要为零部件顺序的改变进行弥补。所以，添加了许多额外的环节和工序来避免将车辆从流动中移出。

让我感到震惊的是，这与软件团队因最新代码不同步而导致构建中断时发生的事情非常相似，并且软件组织在这种情况下付出的代价相当高。而在这里，为了确保持续流动，一切都是同步的，包括工人无法准时完成线束安装时所需要的空档时间。

沿着生产线走下去就是“指关节”，在大楼的这个地方，生产线向左拐了90度，进入“手指”大楼（看起来像一个由额外装配环节组成的无尽走廊），之后回到我们所站的地方，而后进入下一个“手指”。

“安装天窗非常复杂，所以我们根本不希望移动这个工作站，”弗兰克说。“这些机器人是用螺栓固定在地板上的，不像其他工作站的机器人那样可以移动。现在你理解为什么这座大楼是这种结构了吧。虽然我们能够加入新的制造环节来延长手指，但这些指关节在生产线中本身是固定的。”

整个工厂的物理结构已经围绕生产线当前和未来潜在的流程进行了优化。这五个指关节是生产线价值流中最复杂的部分，所以大楼是围绕着它们进行建造的，目的就是要在该生产线价值流架构的这些关键约束下，最大化地流动实现和未来的可扩展性。

为什么我们不能以这种高度清晰的方式来思考软件交付中的约束和依赖关系呢？为什么我们的架构必须要围绕着技术边界来进行设计，而非价值流呢？

我们为什么需要一套新的框架

第 I 部分描绘的转型挑战是根本性的。必须采取措施，否则许多公司最终会因为无效的软件交付管理方式退出市场。如今，有明确的数据可以确定下一轮颠覆会多么迅速地到来以及哪种方法或框架最适合用来应对这些颠覆。

等到分析人员和研究人员可以得到数据的时候，就已经为时已晚。那时，软件时代的赢家和输家都将获得足够的市场份额，而使用老一代管理技术的企业会发现，如果没有监管或其他形式的政府干预，将很难甚至根本不可能追得上。我们已经看到了这样的迹象：只要亚马逊的股价上涨，塔吉特（Target）、沃尔玛（Walmart）和诺德斯特龙（Nordstrom）等零售商的股价就会下跌；反之亦然。这并不代表典型的市场动态。随着继续穿过转折点，我们注意到一个行业又一个行业连续上演着零和游戏。

已经有许多方法和框架可以用来实现业务各个方面的转型、现代化和再造。规模化敏捷框架（SAFe）等专注于企业软件交付；DevOps 实践不断进化，解决了软件构建和发布中的瓶颈；摩尔的梯次管理等其他框架则着眼于从业务再造的角度来处理转型。

虽然这些实践和框架一如既往地重要，但流框架认为，最适合自己企业的实践已经在进行中了。流框架的作用是确保业务层面与技术层面的框架和转型计划相互连接，因为它们之间的相互孤立会导致转型计划停滞不前或是失败。

为了实现 DevOps 的三大原则（流动反馈和持续学习），我们必须将 DevOps 的这些原则拓展到 IT 之外的业务领域。所以，我们需要一套新的框架，用它来计划、监控和保障当今以软件为中心的数字化转型的成功。这套新的框架不能脱离业务，必须直接连接到业务目标和关键结果的度量；它也不能忽视软件开发的特点，不能假设软件开发可以使用与生产制造一样的管理方式；并且，它不能过度关注于软件交付的某一个方面，比如开发、运维或客户成功。

就像价值流映射、企业请求处理以及供应链管理提供了生产制造所需的管理构成要素一样，新的框架必须以类似的方式对大规模软件交付进行封装。这就是流框架的作用。

在莱比锡工厂，所有员工都知道自己的客户是谁。沿着生产线，所有员工都能看到公司的价值流动全景。所有员工都清楚客户从这些价值流中获得了什么，即能带来宝马所说“纯粹驾驶乐趣”的汽车。而且，所有员工都知道工厂的瓶颈是什么。对比现在的企业 IT 组织，不仅仅是员工，就连领导层都无法回答下面几个最基本的生产问题：

- 客户是谁？
- 客户会获得哪些价值？
- 价值流是什么样的？
- 瓶颈在哪里？

例如，在 LargeBank，由于交付工作没有被组织成产品，由价值流来提供支撑，所以，没有明确或一致的方法来为项目组合的每个部分识别客户。许多内部应用和组件都没有指定客户；还有很多时候，交付更倾向于与遗留软件的架构紧密匹配，而非内外部客户的需求。由于所有项目之间都有重叠，并且项目与软件架构之间缺乏对齐，因此不可能按照项目导向的管理方式提取出价值流。同时，由于所有系统互不相干，各自关注于局部优化和活动跟踪（而不是结果），所以任何人都拿不准瓶颈究竟在哪里。

流框架提供了一个简单的途径来回答这些问题。虽然组织中有些关键的人员已经知道了这些答案，但是他们的努力和愿景需要连接到组织层面上的战略和方法。最重要的是，流框架给出了一种方式，能够打通价值流网络度量业务价值的流动并将这些度量关联到战略和业务结果上。流框架可以让你得到以下收益。

- 实时看到业务价值的端到端流动。
- 立即发现瓶颈，并利用它们对投资进行优先级排序。
- 基于每个价值流的实时数据对假设进行验证。
- 为了最大化价值流动而重新设计组织架构。

如果一个数字化组织在没有连接并且可见的价值路网络的情况下参与竞争，就如同上个时代的制造商试图在没有电力网络的情况下竞争一样。这些组织将了解到，在没有流动指标或等同的度量指标的情况下管理 IT，正如同在没有度量电费和计算机耗能成本机制的情况下管理一整套云基础设施。

关注端到端的结果

我们原本期望组织架构图和企业架构能够成为表述价值创造的最佳方式，但它们辜负了我们，我们都很清楚。有趣的是，在制定软件投资和用人决策时，使用的是静态且陈旧的数据碎片，以及基于活动的业务价值代理指标，而不是与业务结果直接相关的技术投资指标。

在宝马集团的莱比锡工厂，价值的流动清晰可见。价值单元（也就是车辆）沿着装配线流动并成为最终产品。交付速率以及每个单元的质量和完整性，既可以单独检查，也可以整体检查。然而，在软件组织中，并不方便见到这些流经生产线的有形且可见的对象。

但是，假如我们能够获得这些便利会怎样？假如我们能得到软件组织实时并且动态的核磁共振影像会怎样？我们会看到哪些价值从企业持续流向客户？在这种流动中，我们会看到哪些模式？我们能发现阻碍价值流动的瓶颈吗？流框架回答了这些问题。

流框架提供了一套系统，用于对软件交付的结果进行端到端地度量。它的关注点在于对软件交付的事实（也就是实际完成的工作）进行度量，并将该工作与结果联系起来（例如创收）。它的重点完全放在以结果为导向的业务指标上，比如收入和成本，而不是价值创造的代理指标，比如每天创建或部署的代码行。

虽然这类代理指标很重要，例如，如果缺少持续交付的自动化是价值流的瓶颈，那么每天部署次数就会成为一个关键指标，然而，流框架关注的是端到端的度量，用于识别价值流中存在的瓶颈。此外，流框架更倾向于对结果进行度量，避免对活动进行度量。在流框架中，不存在团队或组织“敏捷程度”的指标，而是只关注有多少业务价值在流动。如果敏捷开发是瓶颈，那么，对团队中参加过 Scrum 培训的人数这种代理指标进行度量，能够促进业务价值的流动。

不过，流框架的作用并不是规定如何实现敏捷，那是敏捷框架和培训项目要做的事情。流框架的作用是帮助跟踪、管理和改进企业在自动化和敏捷方面所做的投资。

精益思想是必修课

尽管流框架既不需要实施特定的敏捷框架或工作模型，也不需要任何特定的 DevOps 或客户成功方法，但它确实需要你首先要认同精益这个概念，因为精益是这些方法的根基。在最高层面上看，流框架旨在为精益思想的概念在大规模软件交付中的实施提供一种可操作的方式。詹姆斯 • P. 沃马克（James P. Womack）和丹尼尔 • T. 琼斯（Daniel T. Jones）在他们所著的《精益思想》一书中，对这一概念做了如下定义：

> ……精益思想可以归纳为五大原则：按照具体产品精确定义价值；为每款产品定义价值流；保持价值持续流动；客户从生产商拉取价值；追求尽善尽美。[2]

流框架需要业务层面对产品并认同价值流思维，而流动和客户拉取原则是精益思维的支撑。在阅读本书时，我们将识别出这五大原则，重点关注它们与管理软件交付有何关联。为此，我们必须先准确地阐明如何将流动、拉取和价值流这些概念从大规模生产时代的内涵转译为软件时代的内涵。

什么是价值流

“识别每款产品的价值流”是精益思想的五大原则之一[3]。我们将在第 9 章具体说明如何才能做到这一点。现在，我们要想象价值流包含交付软件产品相关的每个人、每个流程、每项活动和每款工具。

> 价值流：通过产品或服务向客户交付价值所开展的端到端活动集合。

每款产品都需要以良好的方式定义为客户会用到的软件特性集合，要么供客户直接使用，要么完美嵌入到另一个实体或数字产品 / 服务中。这意味着，客户也需要得到好的定义，但客户不必被严格定义为外部用户。例如，计费系统的某个内部业务用户也是客户，所以计费系统可以并且也应该拥有自己的价值流。有些组织可能有某个团队负责建设一套内部平台或者 API（应用编程接口），仅供组织内的其他开发人员调用，那么在这种情况下，客户就是这些 API 的消费者。每个产品都有一个客户，他们使用的是该产品价值流所产生的软件。

价值流由向客户交付业务价值所需的所有活动、干系人、流程和工具组成。尽管这听起来显而易见，但实际上，组织一直在职能筒仓内创建价值流，而不是围绕端到端的价值流进行抽象，这才有了我的第二次顿悟。例如，如果支持团队或业务干系人被排除在流程之外，那么得到的就不再是一条价值流，而是这条价值流的片段。因此，敏捷团队是价值流的片段，DevOps 团队同样如此。在大型组织中，即便是跨职能的特性团队，也很少能够形成完整的价值流。例如，他们往往会将支持团队排除在外。

这并不是说价值流片段不重要，只不过本书的主题并不是如何管理和度量它们。与组织实现端到端价值流的方式相比，围绕各种片段的实践已然成熟。例如，许多企业 IT 组织正在使用由需求管理、项目管理和项目组合管理、企业级敏捷、持续交付和 DevOps、ITIL 以及客户成功所组成的强大组合。尽管其中的每一个都有许多不断演进的框架、工具和度量指标。但是流框架强调，我们需要一种新的实践来管理端到端的价值流，这种方式就像价值流映射促进大规模生产时代掌握大规模实体产品交付一样。

从价值流映射到架构

随着生产制造业在大规模生产时代愈发成熟，形成了用于管理端到端流程和处理复杂性的最佳实践。在生产制造业的工厂运作中，价值流映射是一项关键实践，迈克•罗瑟（Mike Rother）和约翰•舒克（John Shook）在《学习观察》中对此进行了概括[4]。这种实践提供了一套可视化的符号，以及一套用于对生产流动进行管理并对生产系统中的浪费和瓶颈加以识别的指标。图 3.1 是价值流图的一个例子，我们可以看到如何绘制生产过程来支撑客户拉动部件流经整个制造流程。我们需要一种类似的方式，对大规模软件交付中业务价值的流动进行理解、架构和优化。

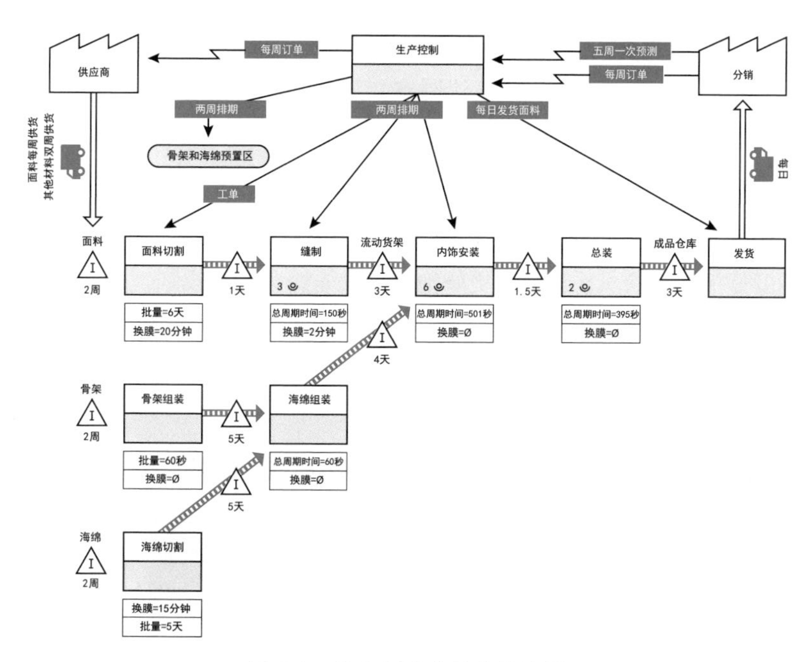

图 3.1 生产制造业的价值流图

发现软件交付中的流动

流框架始于我将制造业的生产流动可视化应用于软件交付领域的尝试。流框架的核心前提是，我们必须度量业务价值端到端的流动。如果我们度量局部的流动，比如开发人员完成一个敏捷用户故事所需要的时间，或者部署软件所花费的时间，那我们就只能对价值流片段进行优化。流框架的目标在于我们能够建立起对应到业务结果的端到端的视图。因此，流框架的顶层只关注端到端的流动项和流动指标如何对应于业务结果。对流动的定义，与我们在制造业所了解的类似，但它特定于软件交付的流动过程。

> 软件流动：沿着软件价值流产生业务价值这一过程中涉及的活动。

流框架完全聚焦于端到端的价值流动，以及它和业务结果之间的关联（图 3.2）。通过对价值流网络（第Ⅲ部分将进行详述）中的工件流动进行观察，就能够使用软件交付的客观事实来完成度量。敏捷和 DevOps 指标以及遥测数据在流框架的下面一层。例如，如果某敏捷团队一直苦于完成其发布目标，那么 SAFe 或 Scrum 框架便能够提供度量指标与指引，让团队更好地确定优先级和业务规划。相比之下，流框架专注于端到端的指标，优先使用这些指标来识别哪里有瓶颈，以及这些瓶颈是在开发的上游还是下游。

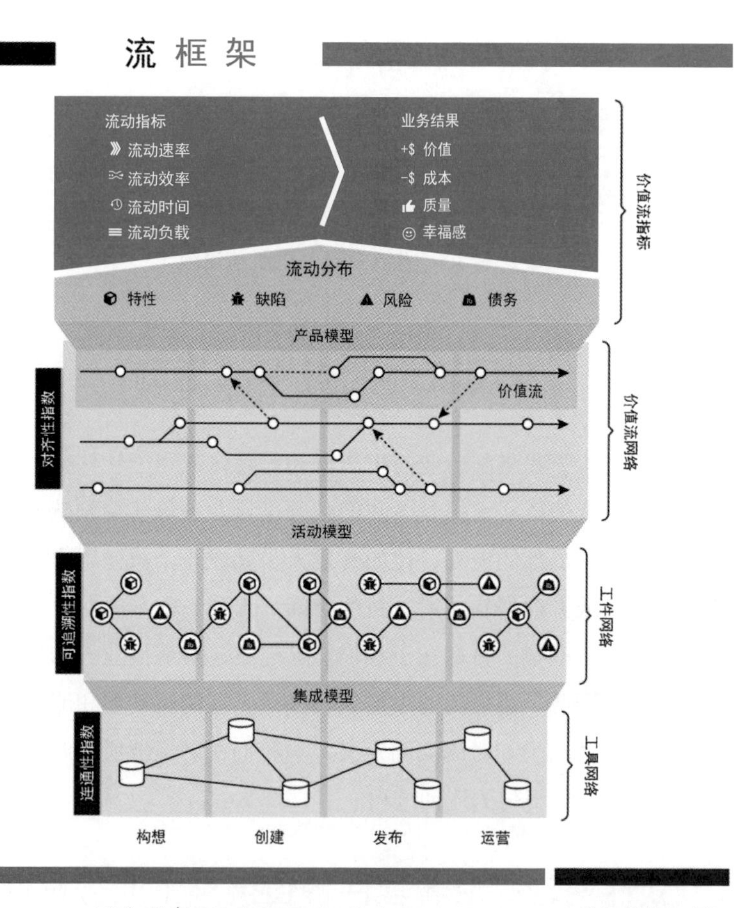

图 3.2　流框架

此外，流框架倾向于跟踪流动指标并将它们与结果进行关联，而避免对活动进行度量。在该框架中，不存在关于组织“敏捷做得如何”或者“DevOps做得如何”的指标，只关注每个价值流中流过了多少业务价值，以及产生了什么样的结果。如果对市场的响应度是个关键需求，那么流框架就能够识别出对于某种特定的价值，流动和反馈回路太慢，这意味着需要有更多的敏捷实践。

流框架的作用在于帮助确定对敏捷和DevOps实践的投资能够带来什么样的结果，以及提供改进这些实践所需要的度量指标。总之，它的目标是提供一种方式，来将流动、反馈和持续学习的原则规模化用于工作中，而不只是运用于开发和运维之间，是运用于软件交付的端到端业务过程。

从顶层来看，流框架提供了两个东西。第一是价值流指标，让你能够对组织中的每个价值流进行跟踪，以便可以将产品指标同业务结果关联起来。第二是价值流网络层，为度量每个产品所交付的业务结果提供必要的基础设施。

从最高层看，流框架是一种机制，能够围绕产品对齐组织中的所有交付活动，并对这些活动的业务结果加以跟踪，进而建立起结果驱动的反馈回路。

要做到这一点，我们必须切换到精益思想的五大原则，明确客户是谁、它们要拉动什么价值，以及这种拉动怎样实现价值流的流动。一旦明确了一条或多条价值流，我们就需要关注如何让价值顺畅地流过这些价值流。但在行动之前，我们必须定义沿着软件价值流流动的单元。

流框架被设计为可适用于最大规模的组织，并在需要时支持严格的监管要求（在第Ⅲ部分探讨）。也就是说，即便是最传统、最复杂或对安全要求最严苛的组织，也能应用这些概念按照业务的节奏来驱动软件创新。为此，我们必须先理解构成该框架的四大主要的流动项。

四大流动项

每当我向资深或高管级别的 IT 领导询问瓶颈在哪里时，他们的反应要么是一脸茫然，要么是含糊其词。但如果放在合适的背景下，仅仅是探索这一问题的思考过程，就足以梳理出一个严肃的话题：绝大多数企业 IT 组织并没有定义良好的生产力度量来量化软件生产过程中流动的业务价值。

如果对生产力的理解不同，就不可能对瓶颈有共同的理解。相比之下，在汽车制造行业，生产汽车的数量就是汽车制造价值流的一项非常清晰的生产力度量。更糟糕的是，不只是那些忙着对齐重要指标的组织，整个软件行业对生产力的理解都没有达成共识。

来自学术界和产业界的思想领袖对软件开发生产力的构成尚无明确的共识。组织想要搞明白，需要亲眼见到有没有生产力，也许这种策略更有效，先行推出产品来受到市场的认可，获得利润。但一直以来，将开发活动关联到结果更像是一种无法理解的艺术，而不是一种规范活动。要想定义价值流的生产力，我们必须先明确是哪些事项在流动。

为此，我们需要回到本章前面概括的精益思想五大原则。精益思想的着眼点并不是产品，而是客户拉动的价值。回想一下软件的早期，当时的企业淘汰了用塑封盒子包装的安装盘，我们可以试着用汽车生产做一个类比，将生产的零件比做那些盒子。然后，你就会发现这种类比是不恰当的，并且在当前这个持续交付和云计算的时代，变得更不相关。但是，如果客户拉动的不是软件版本，那么拉动的究竟是什么价值呢？

为了拉动价值，客户必须能够看到价值，并愿意将它换算成某种经济方面的计量单位。对于内部产品，这可能是采用程度，例如，让不同的业务单元采用某个公共的身份验证系统。对于外部产品，计量单位可以是收入；或者对于社交媒体工具等间接货币化和基于广告的货币化产品而言，计量单位可以是花在产品上的时间；对于政府和非营利组织来说，计量单位可以是新发布的数字服务的使用率。

想一想最近一次你从某个产品中获得的新的价值，或者换回你之前没有选用的某个产品，这个产品属于上述的哪一种？是什么让你舍得用钱或时间来交换价值？很可能是由于某个功能特性满足了你的使用诉求，并且可能在某种程度上让你感到愉悦。或者它是对某个缺陷的修复，而正是这个缺陷阻碍你使用一个自己原本很重视的产品。定义在软件价值流中流动的是什么，关键在于：如果我们拉动的是新特性或缺陷修复，那么它们便是软件价值流中的流动项。

> 流动项：由干系人所拉取的、通过产品价值流来传递的价值单元。

倘若这些是流动项，便意味着我们可以将价值流中所有人员和团队的工作，指定到这些流动项中的某一个，实际上，我们已经能够这样做了。如果组织中的每个流程和工具都有完整的可见性，你就能准确地看到，有多少设计人员、开发人员、管理人员、测试人员和客服人员在参与特定功能特性的创建、部署和支持。同样，缺陷也是如此。但是，这是价值流中唯一在完成的工作吗？

在“挖掘企业工具链的真相”中，我们分析了308个企业IT工具网络（在第1章提到的那项研究），还识别出了另外两种工作，虽然用户看不到它们，但却被另一类干系人通过价值流来拉动。[5] 首先，是风险方面的工作。这包括必须由业务分析人员定义的各种安全性、法规和合规性需求，并排期到开发待办列表中，从而进行实现、测试、部署和维护。换而言之，这种工作会同功能特性与缺陷争抢优先权，因此，它也是一种主要的流动项。除非风险已经发生（比如发生了安全事故，导致有许多安全缺陷需要修复以及安全特性需要添加），监管合规类的风险工作对客户是不可见的，所以这类工作不是由客户拉动的，而是由组织内部（比如首席风险官CRO及其团队）拉动的。

最后也是第四种工作，降低技术债务，它描述了在软件和基础设施代码库层面需要开展的工作，如若不然，将导致未来修改和维护代码的能力降低。例如，专注于特性交付会导致大量技术债务堆积。如果不开展工作消除技术债务，那它就会阻碍未来交付功能特性的能力。比如，技术债务会使软件架构混乱到无法进行创新的地步。表3.1对这四种流动项进行了总结。

尽管风险和技术债务并不是流框架新创的概念，但对每一种工作项的度量，都会对如何进行管理得出一系列完全不同的结论。在使用流框架时，只有能促进未来价值流的流动的技术债务，才可以得到优先处理。绝对不要为了软件架构自身（比如改善架构的分层）来处理技术债务。也就是说，是每种流动项的流动塑造了软件架构，而不是像许多企业架构演进的方式一样本末倒置。

流动项	交付物	拉动者	描述	工件示例
特性	新的业务价值	客户	为推动业务结果而增加的新价值；对客户可见	史诗、用户故事、需求
缺陷	质量	客户	修复影响客户体验的质量问题	BUG、问题、事件、变更
风险	安全、治理、合规	安全及风险官	致力于解决安全、隐私和合规风险	安全漏洞、监管要求
债务	消除未来交付的障碍	架构师	软件架构和运维架构的改进	添加 API、重构、基础设施自动化

表 3.1　四种流动项

通过优先关注于流动，使得架构的其他方面（如基础设施成本和信息安全）得以根据各自与业务的相关性来进行规划。例如，对比两种做法：第一种是在孵化梯队产品验证之前，通过投资架构来降低成本；第二种是在已经验证产品的可行性并准备好进入转型梯队时，围绕降低成本来进行重新架构。相比之下，第一种做法可能就是一种浪费。

在绩效梯队的产品同样需要聚焦于流动。一个恰当的例子是，在 2017 年 DevOps 企业峰会上，约翰·阿尔斯帕瓦（John Allspaw）分享了一个案例，展示了将生产环境的软件事故视为对系统架构的计划外投资[6]。这恰好是流框架想要度量和支持的方法。

与其关注依靠软件架构来应对任何意外，不如将重点放在预测未来这些事故如何在产品价值流中的流动，并以来此优化架构。也就是说，要设计有弹性的架构，使得这些故障发生的可能性降到最低，并建立一套软件架构、基础设施架构和价值流架构，使其能够对其余不可预见的故障进行快速响应。就像是宝马集团建立的“手指”建筑结构：它们用于预测建筑结构需要如何适应未来的流动，而不是一开始就把所有的流动支持都内置进去。

这四种流动项遵循 MECE 原则，即“相互独立，完全穷尽”。换句话说，在软件价值流中流动的所有工作都由一个且只有一个流动项来描述。这意味着诸如对不同流动项进行优先级排序这样的活动会是一种零和博弈，我们将在第 4 章对此进行探讨。

软件工作项还有其他的界定方式，比如菲利普•克鲁奇滕（Philippe Kruchten）和他的同事将工作分布到“正价值 - 负价值”和“可见 - 不可见”两个维度划分的四象限中[7]，比如功能特性是正价值且可见的，然而架构改进则是正价值且不可见的。这些界定方式对规划开发工作非常有用。与此类似，ITIL 定义了问题（problem）、事件（incident）和变更（change）之间的重要区别，这对界定 IT 服务支持工作极为助益[8]。然而，这些分类法在流动项的下层，在对交付流动项要处理的工件类型进行描述时更有帮助。

由于流动项的设计旨在以一种对业务干系人和客户最有意义的方式来跟踪最通用的工作描述，因此，其他的分类法可能会横切流动项。例如，SAFe 对软件交付中的工作项类型给出了详尽的定义，在 SAFe 的分类法中，对于架构性工作的术语被称为使能器（enabler）[9]。完成架构性的使能器工作的目的可以是降低债务、支持额外的新特性、修复某个缺陷，或者通过提供支持合规所需的基础设施来应对某个风险。这意味着该架构的工作项可能会落到任何流动项之下。性能改进也是类似的，例如要扩张新市场，性能工作便可以在支持特性工作过程中得以完成，而如果现有用户群体正在体验与性能相关的一系列问题，性能工作就会被归为缺陷修复工作。

虽然流动项的下一层至关重要，但流框架的主要关注点在于：用高管和技术人员都能够共识和理解的最少量的几个概念，将技术、架构与业务联系起来。因此，由价值流中所有专业人员完成的每一个单元或工作项，都必须映射到这四大流动项中的某一种。

最后，你会看到，用来改善价值流网络流动的改进工作并没有用单独的流动项来表示。在从项目制转到产品制的过程中，价值流网络自身也必须被当作一个产品，要拥有自己稳定的交付团队，而不是像项目那样具有明确定义的终点。无论是连接不同干系人还是创建流动指标仪表盘，这些价值流网络改进工作中的大部分都由这个团队来负责。如果在特定价值流上的团队需要改变其工作过程，比如要将人工的合规检查，换成安全自动化工具以消除浪费，那么，这项工作就会成为由价值流改进团队来负责的技术债务流动项。

小结

技术人员对有效软件交付的理解与企业如何处理软件项目，两种方式差距很大。尽管 DevOps 和敏捷原则对技术人员的工作方式产生了巨大的影响，但它们一直过于以技术为中心，所以并没有被业务干系人广泛采纳。为了弥合这种差距，我们需要一种新的框架来将业务语言与技术语言打通，并使企业能够从项目制向产品制过渡。我们需要该框架将 DevOps 的三大原则（流动、反馈和持续学习）拓展到整个业务领域。这便是流框架的目标。

第 I 部分要点总结

在第 I 部分，我们了解了五次技术革命，还了解到，在软件时代能够取得怎样的成功取决于组织从项目向产品转变的能力。卡洛塔•佩雷斯在其著作中描述了每个时代分为最初的导入期、随后的转折点以及最后的展开期。根据佩雷斯提供的推断，我们进入软件时代大约有五十年了，目前仍然处于转折点前后的某个位置。

组织掌握了以软件为基础的生产方法和数字化转型方法之后，将有机会通过这个转折点得以生存和壮大。那些继续沿用老一代管理范式的组织，很可能会消亡殆尽。科技巨头们已经掌握了这种新的生产方式，而数字化原生企业天生就是这种新的工作方式，但世界上大部分组织还没有。这并不是因为不愿意尝试，而是由于规模、复杂性、历史包袱和一直以来的管理范式等结合到一起之后，不太可能在确保生存的时间期限内实现过渡。所以，我们必须要有一种新的方法。

要想在软件时代蓬勃发展，软件交付的管理方式就必须从项目制转为产品制。第 2 章概述了项目导向管理中的陷阱，而第 3 章介绍了流框架是一种解决办法。特性、缺陷、风险和债务这四大流动项提供了最简单、最通用的方式来打开 IT 和软件交付的黑盒子。

现在，盒子一旦打开，我们必须面临一个最大的挑战：业务要学会观察盒子。技术人员已经看到了，他们能够跟踪自己开发的软件产品交付了什么价值，而且在十年前便已经掌握了敏捷实践，这让他们能够彼此理解、共同商定优先级以及相互交流。但问题在于，我们还没有为所有的干系人准备一种共同的语言来弥合业务和技术之间的差距。为此，第 II 部分要介绍价值流指标（Value Stream Metrics）。

第 II 部分

流框架

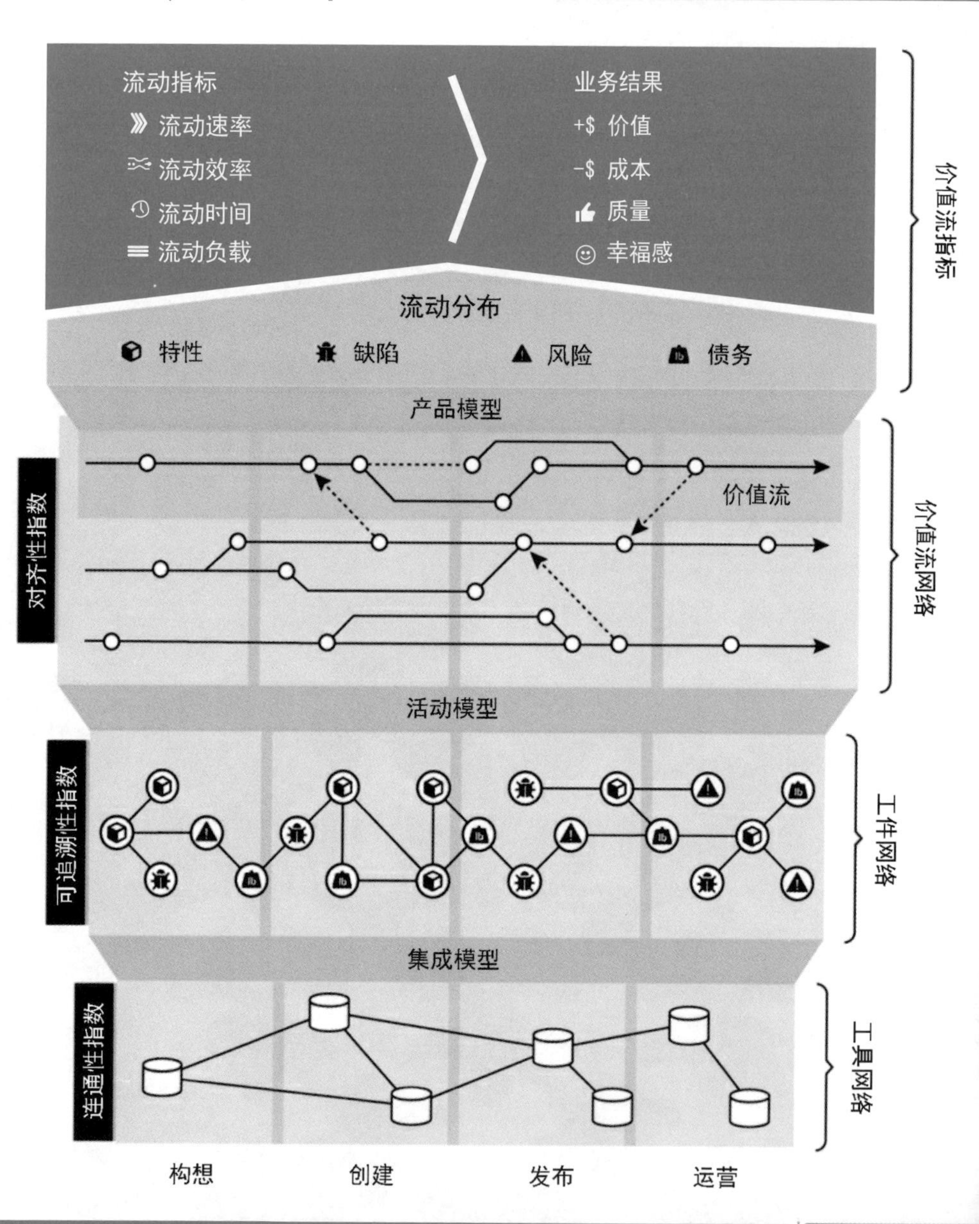

流动指标
流动速率
流动效率
流动时间
流动负载
业务结果
+$ 价值
-$ 成本
质量
幸福感
流动分布
特性
缺陷
风险
债务
产品模型
价值流
活动模型
集成模型
对齐性指数
可追溯性指数
连通性指数
价值流指标
价值流网络
工件网络
工具网络
构想
创建
发布
运营

第 II 部分

价值流指标

身处宝马集团的莱比锡工厂，我深刻感受到了业务与生产线之间直接而明确的关系。所有的价值流都清晰可见，前置时间和节拍时间等关键指标都得到了普遍认可和理解。流框架的目标是使软件交付像制造过程一样可见，并在业务层面实现这一点。为此，我们需要一套核心指标来跟踪软件交付中的业务价值流。在流框架中，这就是价值流指标。

在第 II 部分中，我们将定义这组新的流动指标，为你提供最高层面的业务价值流可见性 (由四个流动项的交付过程来定义)。在第 I 部分中，我们探究了代理指标的缺陷。相比之下，流动指标的目标是提供一种机制，将对每个产品价值流的投资与其业务结果相关联。这为我们提供了一种将技术投资与业务成果连接起来的方法。流框架的“价值流指标”最重要的是，我们度量每个产品价值流的流动指标及其业务结果，无论是外部的可产生收益的产品、获得收益前的 MVP，还是仅供内部使用的平台组件。

在第 II 部分，我们将讨论以下主题。

- 回顾随着汽车成为车轮上的计算机，缺陷如何成为汽车工业的一个关键焦点。

- 回顾风险流动如何成为董事会层面的关注点，艾可飞（Equifax）的安全漏洞就是明证。
- 讨论为什么企业领导者需要通过重新审视诺基亚的衰落来了解债务的本质，比如技术债务和基础设施债务。
- 讨论微软如何通过他们制定的战略在导入期持续获得成功，而这些战略可以归结为从业务层面上来理解价值流指标。
- 通过价值流指标的视角总结颠覆的故事，并讨论价值流的可见性如何为这些组织的领导层提供做出更好决策所需要的知识。

我们将研究这些故事，了解如何使用流框架来避免掉入陷阱（而这正是在软件时代摸索未来的人可能会遇到的），使公司成功迈向数字化创新。

第 4 章

采集流动指标

正如生产线为宝马集团提供了实体生产的可见性一样，价值流和四大流动项为我们提供了抽象的概念，我们需要看到软件交付过程中的业务价值流。为了获得可见性，我们首先需要确定哪些关键指标与跟踪每个价值流的生产力关系最密切。然后，我们需要一种方法将这些指标应用到价值流中。

例如，我们的目标应该是缩短所有价值流中的同一种前置时间，还是需要一种方法来确定每个价值流适合哪种前置时间？如果考虑到我在宝马莱比锡工厂获得的认知，答案显然是后者。

本章将继续介绍宝马工厂之旅，帮助你了解将流动指标与产品导向的价值流以及业务目标对齐的重要性。

除了着眼于价值流的一致性，我们还要讨论为什么四大流动项的分布是使价值流与业务战略保持一致的关键指标，以及如何度量每个价值流交付业务价值的速率。

我们将介绍如何跟踪流动时间，并将它与精益敏捷中使用的其他时间指标进行对比。随后，我们将研究如何跟踪价值流中的负载，它是资源过度利用的高阶先导性指标，最终将导致生产力下降。本章将以概述如何度量流动效率作为结束。

宝马之旅 架构创新

在参观了 BMW i1 系和 BMW i2 系生产线的两个“指关节”之后，弗兰克转身离开生产线，指向连接到 BMW i 系生产线的大走廊，现在已经近在眼前。沿着这条走廊，我们可以看到完整的 BMW i8 系正在流入工厂所有车辆进行最终测试的区域。

“你会注意到这条生产线很不一样，”雷内说。“这是一条短得多的生产线，并且有一些非常有趣的新的自动化技术。”

“电动车是彻彻底底的创新，”弗兰克带着明显的自豪感和激情说。“可持续的采购，包括来自华盛顿州摩西湖的天然材料。碳纤维车身是在这里现场制造的，端到端工艺在处理时间和环保方面均处于行业领先地位。我们考虑了整个生命周期。米克，你曾问过外面的风车以及它们为工厂产生了多少电能。目前，它们产生的所有电能是用来制造电动车的。并且，我们将启动一个项目，从电动车中取出已耗尽的电池，将其用于风力涡轮机的电能存储。”

这些车的每个方面都旨在优化端到端的流动。重复利用废旧电池为工厂供电的想法，再一次体现了宝马集团对持续学习和反馈回路的考量。反馈回路远远超出了生产线本身，涵盖从供应链到回收以及再利用的所有环节。

我以前在 IT 行业看到过这种成熟的现象，那些完全掌握了软件供应链的公司，可以将关键软件发布到开源环境中，为他们和生态创造更多的价值，而不是仅仅将软件保留在公司内部。但这种成熟度的有效案例仍然很少。宝马集团不仅采用了“整体产品”的方法，而且还采取了“全生命周期”

方法，使我想起了我从波音 787 梦幻客机的制动软件可追溯性中了解到的知识。

弗兰克和雷内还要向我展示另一项创新。雷内让我注意到一个平台正在移动一辆部分组装好的汽车。它看起来与我们之前看到的 1 系和 2 系完全不同。车身不沿轨道移动，相反，汽车结构是由带轮的平板平台来承载的。

“那些是自主化平台，”弗兰克说。“他们已经更换了这条生产线上的导轨。我们可以使用软件重新配置生产线。”

随着整个行业都在进行自动驾驶汽车投资，似乎宝马工厂也理所应当利用自动驾驶汽车技术来完成生产线和零部件的交付。但是，理解这一点并不会削弱这一概念的神奇。我正在观察一条能够通过软件重新自我配置的生产线。也许宝马集团在实体生产方面所做的事情与软件交付流水线的关系，远远超出了我的预期。

我感觉自己正站在一个不断扩大的鸿沟之上，在大规模生产时代展开期的巅峰，与软件时代组织的当前状态之间。正是在这一刻，我明白了为什么雷内想要带我参观工厂。这与 BMW i8 无关，也不是庆祝我们最近的成功。他是想让我了解他所理解的东西。

在开始转 IT 行业之前，他在莱比锡工厂开启了自己的职业生涯，雷内开始关注从一个时代到另一个时代的变化，并能看到两者之间的脱节。这与演化经济学家卡洛塔·佩雷斯在她的《技术革命与金融资本》中所分享的内容非常相似，她成长于石油时代并见证了向大规模生产时代的转变[1]。很少有人能有跨越两场技术革命的视角，而那些拥有这种视角并与我们分享的人，提供了宝贵的经验来帮助我们走过当前这场革命。

反思莱比锡工厂之旅的种种见闻，令我最惊讶的是业务与生产线之间的整合水平。价值流就是业务需求到工厂流的直接映射。价值是由汽车的数量和交付每辆汽车所花费的时间来明确定义的。项目、产品、汽车和业务之间没有复杂的人工映射。生产质量就是待修理的汽车数量，因为每一辆出厂的汽车都会被交付，即使需要对某些有问题的组件进行返工，返工本身也只是价值流中的另一个组成部分。

这使得质量与速度一样可见。速度是生产线上完成的汽车数量，而返工区域使得质量同样透明。我们如何在 IT 交付的四大流动项中获得这种可见性？也许软件无形的本质使得获得这种可见性会成为徒劳的努力？但考虑到信息可视化技术使我们能够“看到”无形的信息，比如股市趋势和互联网上数据包的流动。必须要有一种方法将宝马集团应用于制造业的方法应用于 IT 领域，并将其与商业智能和数据可视化的知识结合起来。

值得注意的是，在工厂中，我看到了无数的屏幕和仪表盘，它们显示的生产信息超出了肉眼所及的范围。汽车型号、变体和不断演变的零件供应链的数量非常复杂。但是，所有这些都被绑定在一个高度优化的系统中，该系统可以通过生产线以及遥测技术来看。最重要的是，正如 BMW i3 系列明确指出的那样，这些价值流的架构及其可视化方式是业务需求的直接反映。流动指标的目标是提供一组类似的模型和抽象，从而使我们能够通过软件交付来查看业务价值流。

理解流动分布

基本的流动指标（图 4.1）最简单，也是最重要的。我们需要跟踪每个价值流的四大流动项中每一个的目标流动分布。例如，新产品的价值流可能需要大量的特性，这些特性需要在发布前及时交付。在这种情况下，可以将大部分工作投入到特性流。换句话说，价值流将被优化以交付新的业务价值。假设新产品在发布之前只有数量有限的客户（例如 Beta 测试人员），则缺陷流的数量可能很低。如果新产品是不打算公开发布的实验，那么风险工作的比率也可能会很低。但是，如果打算将产品投放到市场，则风险工作量可能会提升；并且应该为遗漏的缺陷分配更多的应急预算。

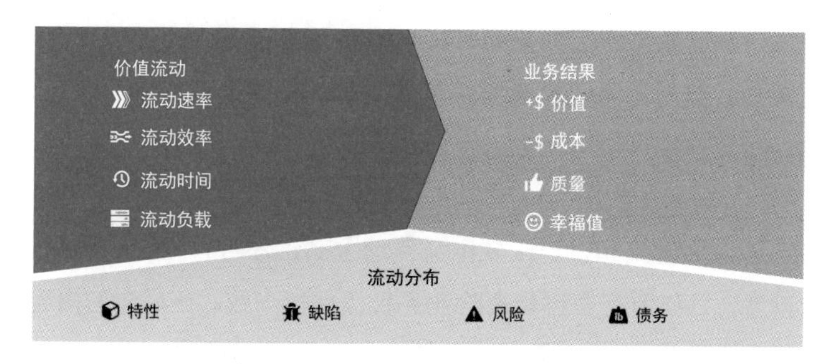

（版权所有 ©Tasktop Technologies, Inc. 2017-2018。保留所有权利）

图 4.1　流动指标

相比之下，考虑现有的和根深蒂固的产品价值流（如遗留的后端服务）将继续存在，仅用于支持移动应用的数据。可以优化价值流的流动分布以降低风险和修复缺陷，最小化或取消没有特性流的投资。

流动分布：价值流中每个流动项的比例，根据每个流的需要进行调整，使业务价值最大化。

我们可以使用流动分布来调整价值流，使其与我们需要向业务交付的结果类型相匹配。此外，流动分布可以根据产品所处的特定产品成熟度生命周期阶段或区域进行调整。例如，我已经在 Tasktop 应用了“第三地平线框架”方法[2]，最近又应用了摩尔的梯队管理。向负责相应产品的每个经理和团队明确这一点，使他们能够设置流动分布以及支持价值流的人才和流程，以匹配相应地平线或区域的业务目标。

最终，价值流中的团队可以最了解如何使流动分布与业务结果相匹配（例如，在发布周期开始时减少一些技术债务以加速特性向末端的流动）。但是，团队和领导者都需要对优化特定价值流的流动分布达成共同的理解。

除了为价值流和投资区域定义流动分布，还可以为整个组织进行定向设置，以使所有交付与高阶业务目标保持一致。在后面的内容中，我们将研究比尔•盖茨如何设定高阶目标，通过微软的“可信计算计划”来专注于风险和安全性的改进，以及他是如何将微软的产品转向网络以此来抵御破坏的。

流动分布对产品价值流的结构和管理方式有着深远的影响，比如即将终止服务或进行资产剥离的遗留产品，就没有任何投入来偿清相关技术债务。如果组织正在进行平台重建，其中包含已结束生命周期的价值流，则很可能是浪费时间和资源。相比之下，如果一个组织面临来自更敏捷的数字原生企业的威胁，那么抛弃旧的平台并投资于云原生架构可能就是至关重要的。组织价值流网络的这一部分可以优化，从而迅速将新功能推向市场，并利用客户反馈和数据来进行基于假设的验证。

除了将流动分布调整为代表特定价值流成功的投资类型，流动分布也是随着时间的推移演化和完善投资的主要指标。

在这个场景中，新产品的价值流被调整为最大化特性流。一旦该产品普遍可用，就可以应用流动分布来预测未来的容量限制。例如，经验丰富的产品和工程经理都知道，有必要构建额外的能力来处理上线后的发布周期中可能出现的支持工单和事件的数量，然后减少随后发布周期中积累的技术债务。但是，企业通常都没有术语或模型来了解流动分布随时间发生的这些重要变化。

这种情况的结果是，企业预期特性流的速度在发布后继续保持不变，这意味着没有充足的容量来支持新用户，或者通过减少创建新特性时所产生的技术债务，来确保以合理的成本实现下一组特性。这正是我们在图 4.2 中看到的情况，该图显示了我参与的 Tasktop Hub 产品 1.0 发布之后 12 个月的流动分布数据。

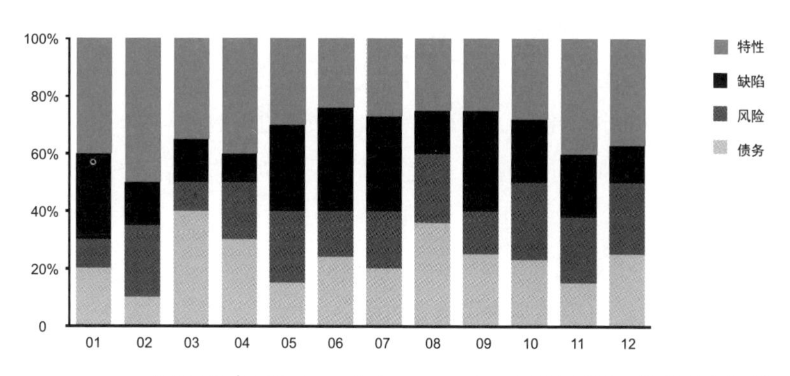

（版权所有 ©Tasktop Technologies, Inc. 2017-2018。保留所有权利）

图 4.2　流动分布显示仪表盘

流动分布

从 Hub 价值流的流动分布中，我们可以看到，经验丰富的产品经理已经了解到，在新产品引入之后出现的模式是：初始版本的升级需要重点关注特性的完成。这是一场与时间的赛跑，因为公司的成功取决于是否有足够的特性可以做到及时发布。整个业务都依赖于发布的成功，就像波音的业务依赖于新款飞机的推出一样。这是我反复告诉相关产品和工程团队的故事，我每两周与该价值流的产品和工程领导开碰头会，跟踪特性的进展情况。

我们的组织已经与价值流保持一致，因此在预算周期的中端提供额外的资金来加快特性交付的速度。尽管我们的敏捷和 DevOps 实践意味着增加人员的确增加了容量，但由于问题域和代码库的复杂性，我们仍然面临着一个硬性限制，对该产品的新工程师来说，最多半年就能完全熟悉它。

我为价值流分配了额外的预算，但是根据弗雷德·布鲁克斯（Fred Brooks）的《人月神话》[3]，距离发布日期还有 9 个月的时间，靠加人来解决这个问题，回报显然是极其有限的。

就像在功能性销售模式中理解销售人员的过渡时间一样，在产品思维模式中，向价值流投入新的员工，需要以类似的方式来建模。任何必须在 6 个月内见到成效的投资，都必须来自现有的产能，而非新的产能。

团队建议，可以承担更多的技术债务，以便将更多的流动分配给交付特性而不是减少债务。在 Hub 价值流上，我们在每次发布中债务工作的目标是流动分布的 20%，这一数字是基于我们自己的历史流动指标以及其他人报告的最佳实践得出的。发布版本的团队和我一样，都知道需要进行权衡，并且也明确向其他经理表示，如果不在每个冲刺中偿还这笔债务，那么我们在发布后的功能容量将会显著降低。我知道上市时间比发布后特性的速度更重要，所以我们一致认为这个方法是最好的。

做出这一决定的关键因素是，Tasktop 的财富 500 强客户群过去得花好几个月的时间来部署新版本。我们对版本发布后的流动分布略有了解，基于这些信息，我们可以坦然接受这种对未来特性流的影响，但无法预计未来的价值流究竟会是怎样。

事实证明，客户采用该产品的速度之快，超乎我们的预期。快要接近公开发布时，我们得知一家还在 beta 计划中的主流电信供应商正在生产环境中大规模使用 beta 版本。如图 4.3 所示，发布后的冲刺在缺陷上的分配超出了我们的预期。即使在容量减少的情况下，待办事项列表上仍然有很多关键特性需要完成。

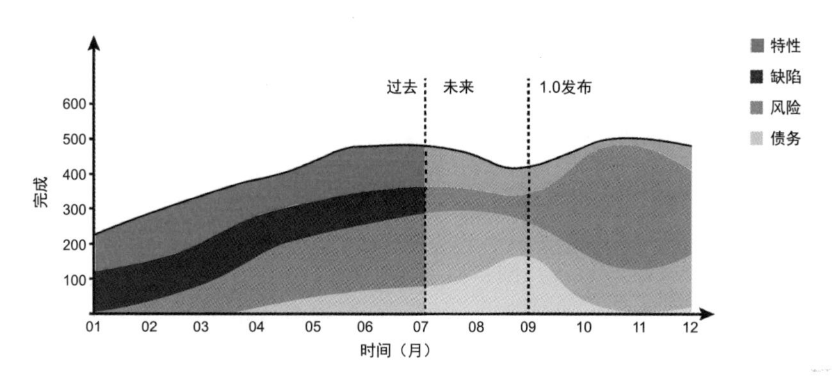

图 4.3　流动分布时间线

因此，亟待处理的特性工作以及计划外新增的缺陷工作，导致该团队的债务相关工作被搁置一旁，并降至历史最低点。从一个版本到另一个版本，技术债务日趋恶化，如图 4.3 所示，随着特性交付开始趋近于零，团队不得不开始偿还技术债，这对需要不断创新的产品来说，显然是不可持续的。

事后看来，负责发布且经验丰富的产品经理已经预见到可能会出现这种情况并及时上报了管理团队。但在领导层，直到趋势明朗之后（将流动分布仪表盘用于季度计划会议），才相应调整了客户和合作伙伴的重新部署计划。正是从业务层面来理解当前的流动分布以及预测未来的流动分布，我们才得以相应地调整所有业务计划。更重要的是，我们了解到，在业务层面，我们需要所有依赖于未来交付的部门和团队都能看到对流动分布的预测。

流动分布给我们提供了一种零和机制来确定一个或多个价值流应该如何支持业务优先级。如果我们回想一下宝马的莱比锡工厂，生产线中的所有内容都是围绕生产线所需的流动来设计的。这就是 BMW i8 和 BMW i3 生产线的结构与 BMW 1 系和 BMW 2 系生产线的结构显著不同的原因。尽管在这些生产线上生产的汽车看起来尺寸和形状大致相同，但生产线的业务需求和约束条件却截然不同，其中一条侧重于创新，另一条则侧重于量产。

这就是我们需要对待软件价值流的方式。流动分布为我们提供了一种机制，使这些价值流随着时间的推移不断演进，以满足企业不断发展的需求。但是与物理生产不同，我们不会为软件价值流建立一条独立的生产线。

正如我们将在本章稍后看到的那样，一个单一的价值流网络可以支持跨产品线以及随着时间变化来调整和管理流动分布。然后，团队可以调整这些价值流中的所有内容，从而产生最理想的流动分布以满足当前的业务需求，就像前面介绍的宝马集团那样。这种调整包括一切，从在特定价值流上工作的人才类型，到以价值流为中心的软件架构思考方式。

表 4.1　流动指标

流动指标	描述	示例
流动分布	相互独立，完全穷尽 (MECE)，在一段时间内以特定的流动状态分配各大流动项	在一个特定的冲刺中，每个处于活跃工作状态的流动单元的比例
流动速率	在给定时间内完成的流动项的数量	为特定发布而解决的债务
流动时间	从流动项进入价值流（流状态 = 活动中）到将其发布给客户（流状态 = 已完成）所经历的时间	从接受新特性到向客户交付所花费的时间
流动负载	流状态为活动中或等待状态的流动项的数量（即在制品，WIP）	流动负载超过一定的阈值会对速率产生不利的影响
流动效率	流动项处于活跃工作状态的时间占总消耗时间的比例	当依赖关系导致团队等待其他人时，流动效率会降低

流动分布的优势在于，通过它，企业可以明确地、大规模地执行产品和工程团队以及管理人员日常工作中已经做好的规划。从权衡流动分布的角度进行思考，可以增进软件交付对业务权衡的理解。对于曾经是软件工程师的商业领袖（例如技术巨头的 CEO），这种思维是第二天性。流框架的目标是使整个企业都可以进行这种决策，而不仅仅是具有编码和软件产品管理背景的人。

流动分布权衡的零和游戏也迫使企业必须这样持续权衡，就像计划外的工作涌入价值流时开发团队管理者所做的那样。如果有太多的缺陷涌入，特性就会被挤出计划。如果企业在提供新特性的同时无法在几个季度的时间内减轻消除缺陷的压力，那么债务的积压可能导致新的特性无法交付。如果在团队待办事项列表中没有明确风险的优先级，那么这些风险将永远得不到处理，因为它们对客户或业务而言往往是不可见的。交付团队本来就知道这一点，但如果业务干系人不了解，我们就不应该惊诧于决策似乎缺乏信息并且存在瑕疵。

为了看到平衡的流动分布，流动项应该具有相似的工作量或大小。如果特性的平均工作量是缺陷的四倍，那么堆积的条形图会显示出相较于特性流四倍的缺陷。这从本质上来说并不是什么坏事，因为流动项的重点是封装对业务有意义的价值单元和工作，不管这些价值是如何分配的。但是在具体实践中，这种偏差可能会误导业务干系人。因此，在 Tasktop，我们选择在敏捷模型中按大小相同的工作项来设置流动项计数。例如，特性流动项映射到用户故事，因为它们的大小与缺陷相似，而不是更长期的史诗故事，详情可参见第 9 章中的集成模型。

流动速率

流动分布可以跨越任何时间范围或流动项状态，能够帮助我们了解当前版本所有进行中或已完成的工作，也可以帮助我们评估未来的容量。除了分布以外，我们还需要一个更具体的指标来衡量向客户交付了多少业务价值。为此，我们需要度量单位时间内完成的每种流动项的数量。

这就是流动速率。流动速率从敏捷的速率概念改编而来，它表明团队在一个时间段内（例如，两周的冲刺）交付了多少个工作单元（例如，故事点）[4]。流动速率使用相同的概念，但将其应用于四个流动项，是一种更简单、更细粒度的度量。例如，如果一个版本完成了10个特性和5个风险，则该版本的流动速率为15。图4.4显示了一个流动速率仪表盘的样例，该仪表盘显示了每个流动项实现价值流流动速率目标的进度，并将其与上一次迭代的总进度数进行对比。

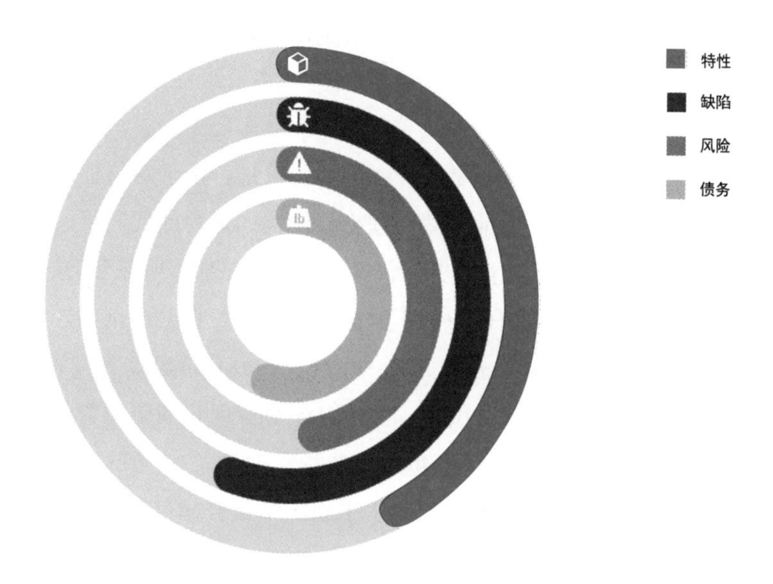

（版权所有 ©Tasktop Technologies, Inc. 2017-2018。保留所有权利）

图 4.4　流动速率仪表盘样例

流动速率有一个关键的区别是，它比敏捷速率更简单，因为它不依赖于对工作量大小、范围或每个流动项优先级的估算。[5] 这种分解仍然可以在敏捷开发级别进行。在SAFe的术语中，一个特性可以连接到一个史诗，并由许多个用户故事组成，每个用户故事都有一个估算的故事点数。这种级别的分解对于规范工作的优先级至关重要。

流框架假设每个流动项都进行了优先级排序，它也假设业务价值的定义已经完成。流框架仅关注相应单元端到端的流动。只要将每种类型的工件（在敏捷模型中也称为“工作项”）映射到其中的一个流动项，那么流动分布和流动速率都将代表所有要交付的工作。

通过流动项和流动速率的结合，我们能够度量每个流动项的交付数量，并提前计划好为了达到业务目标预期的未来状态需要有哪些内容。例如，如果特性上的流动速率对特定的价值流太低而无法满足业务目标，那么我们可以开始询问如何改进，例如对人才、架构或是基础设施进行投资。

在流框架中，流动速率是生产率的经验度量，基于对价值流的直接观察。它替代了生产力的一些代理指标，例如编写的代码行、添加的功能点、每天进行的部署或者从代码提交到代码部署所花费的时间。这些过程指标对于理解价值流的不同部分可能至关重要。例如，在妮可·福斯林（Nicole Forsgren）、耶斯·亨布尔（Jez Humble）和吉恩·金(Gene Kim) 的《加速》一书中，介绍了 DevOps 现状调研报告，其研究结果表明，每天部署与 IT 和组织效能息息相关。[6] 这意味着部署自动化在那些仍在发展 DevOps 实践的 IT 组织中是普遍存在的瓶颈。但是，像 Tasktop 这类已经实施了持续集成的组织，“从提交到部署”的时间和“每天部署次数”并不是向客户交付价值的限制因素。这些指标以及其他的指标（如每个产品的代码行数），仍然可以提供信息，并且对发现异常非常有用，但并不是首要的或业务层面的指标。

与其他许多诞生于软件时代转折点前后的组织一样，我们很多年前就意识到，需要一个从客户视角来表征生产力的指标，即向客户交付了多少，以及从接受客户需求到交付的速度有多快。这就是流动速率和流动时间的出发点。

诸如代码行数之类的指标，决定着开发人员完成了多少特定类型的工作，而不是交付了多少价值单位。单个的特性（例如更改产品中点赞按钮的行为）可能只需要区区几行代码，但需要大量的分析和设计。任务关键型大型主机应用程序中的单行变更，可能需要花好几天的时间进行影响分析。因此，尽管以代码为中心的度量标准与理解发生在价值流上的各种更细粒度的工作相关，但它们并不适合用来封装业务价值。

流动项显式关联到业务价值。例如，业务分析师或产品经理的职责是根据客户的需求和渴望度来界定特定的特性是否对客户有价值。缺陷、风险和债务也如此。在任何流动项进入价值流之前，需要先明确定义其业务价值。值得注意的是，流框架并未提供关于如何定义该价值的指导（例如，如何设计一个更容易被接受的特性，或确定哪些风险应该优先解决）。这是敏捷框架和产品管理流程的作用范围。流框架依赖于定义的价值，度量的是流向客户的价值流，以便定义价值的人可以与客户和市场建立一个快速的反馈回路。

流动项的大小可能会大相径庭，这会让人们倾向于用故事点或T恤进行评估。[7] 在敏捷框架中，这些度量以及业务价值排名，对于确定工作的优先级以及计划什么时候应该完成什么工作至关重要。但是，流框架的目标并不是确定工作的优先级，而是使工作流及其结果可见。此外，故事点或T恤大小针对的是大规模的软件交付，其中流动项的数量非常大。因此，大数定律是适用的（它指出，如果有足够的试验或实例，事件发生的可能性就是均等的）[8]，我们可以凭借完成特定流动项所需的工作量，将它们放在一个共同的分布中进行总体的度量。换而言之，如果有足够多的流动项，那么在一个时间段内所有流动项都很大，而另一个时间段内的所有流动项都很小的情况，应该很少出现。

考虑到流动速率是通过检验价值流网络的经验值来度量的，因而我们也可以确定在不同的流动项之间是否存在有意义的大小差异。一个价值流可能以一种非常粗糙的方式定义特性，而另一个价值流可能创建非常细粒度的特性。或者，我们可能会发现，遗留大型主机的价值流只提供非常少的特性，就产生了非常大的业务价值。此外，产品经理还将以特定于他们所支撑价值流的技术、市场和客户的方式，来定义特性。因此，流动速率度量更适合用来跟踪一个价值流内的生产力和交付趋势，而非跨价值流。然而，当流动项的上下文相似时——例如，需要在所有产品之间实施诸如GDPR（通用数据保护法规）之类的法规要求，跨价值流进行比较就变得相关了。如果一个价值流在实施新的隐私协议方面比其他价值流生产力要高得多，那么就有可能将其所使用的代码提取到公共API中，其他价值流可以使用这个API来实现相同的目的。这正是开发人员思考的方式，这种价值流思维可以使得投资API作为新的价值流的理由，更容易为组织所接受。

流动时间

流动分布和流动速率提供了一种经验性的方法来度量一段时间内完成了多少工作，但它们并未表明该工作在系统中循环的速度有多快。为了确定交付速度（例如，了解特定特性或一组特性的上市时间），我们需要度量流动时间。

在精益生产中，有两个关键指标用于流程改进：前置时间和周期时间。前置时间侧重于度量整个流程的时间，而周期时间则侧重于完成过程中某个步骤所花费的时间。从大规模生产时代的最后一个展开期开始，我们就知道这两个指标都是改善生产流程的关键。周期时间可以帮助识别瓶颈（周期时间最长的步骤通常就是瓶颈所在），而前置时间可以告诉我们端到端流程运行所花费的时间（例如，从汽车的客户订单开始，到交付结束）。前置时间被认为是制造业效能的最佳预测指标。[9] 流框架的目标是提供同样有意义的端到端度量，衡量通过软件来交付价值需要多长时间。

前置时间和周期时间的挑战在于，它们在敏捷和 DevOps 文献中的使用一直是模棱两可的，并且经常偏离其最初的含义。例如，“代码提交到部署的前置时间”是 DevOps 社区使用的通用指标。但是，如果采用以客户为中心和以价值流为中心的视角（与以开发人员为中心的视角相比），这并不是对前置时间的度量，而是对开发周期时间的度量。

尽管可以创建不同的前置时间的子集，但为了避免混淆，流框架使用的是一个名为“流动时间”的精益度量指标（图 4.5），正如多米尼卡 • 德格朗迪斯（Dominica DeGrandis）在她的著作《将工作可视化：暴露时间窃贼以优化工作和流动》中所建议的那样 [10]。当一个流动项纳入价值流中时（例如，当一个特性被规划到版本，或者当一个客户工单被提交并且相应的缺陷开始被调查以期解决），流动时间就开始了。由于流动时间是一个以客户为中心的指标，因此它是以“挂钟”时间来进行度量的。换句话说，工作一开始，时钟就开始工作了。它不会在下班时间和周末停止，而是一直计时，直到流动项被部署到客户为止。

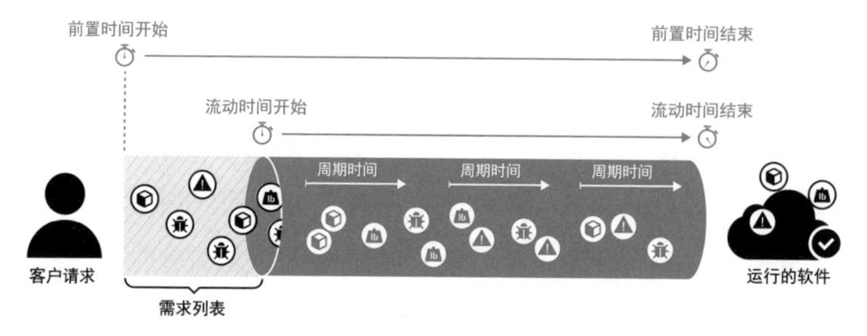

（版权所有 ©Tasktop Technologies, Inc. 2017-2018。保留所有权利）

图 4.5　前置时间、流动时间、周期时间的比较

流动时间基于流动项在四个不同的流状态之间的转换。这四个流状态分别是新建（New）、等待（Waiting）、活跃（Active）和完成（Done）。这些状态基于我们在 Tasktop 研究的 308 个组织所使用的 55 种不同的敏捷、DevOps 和问题跟踪工具并从这些工具所支持的工作流状态中得到的通用版本。

例如，单个流动项的前置时间，可以通过从“新建”状态开始到进入“完成”状态之间的时间差来度量。与此类似，平均修复时间（MTTR）可以通过与故障对应的缺陷从“新建”到“完成”状态的时间差来度量，而该缺陷的生命周期从事故发生就开始了。流动时间是通过比较从“活跃”到“完成”的时间来度量的。这些流状态遵循 MECE（相互独立，完全穷尽）原则，因此，所研究工具中所有细粒度的工作流状态都可以映射为这四个流的状态之一。

在研究中，我们遇到有的组织在单个工件类型（例如需求）上具有 200 多个不同的工作流状态。不管存在多少状态，都可以使用活动模型（第 9 章）来映射更通用的流状态，以便在价值流之间提供流动时间的一致可见性。前置时间、流动时间和周期时间的比较，以及相应的流动项状态如图 4.5 所示。

流动时间是流框架中的一个主要指标，因为它为我们提供了交付一个流动项所需时间的全面度量，从决定开启任务开始，到交付给客户价值。在各种价值流中，前置时间的度量仍然非常重要（例如，追踪从客户请求特性开始的更长时间段）。但它们超出了流框架的范围，因为这通常涉及许多其他组织的流程，尤其是当客户请求数量超过价值流中可以处理的数量时。例如，我参与过的流行开源项目的特性请求数，是任何给定版本容量的一百倍。尽管这些项目的前置时间很糟糕，但它们的成功是流动时间的函数，因为这决定着他们交付多少计划中的特性。

> 流动时间：流动项从工作被接受后进入价值流到完成所花费的时间，包括活跃时间和等待时间。

尽管对有大量客户请求的产品来说，将流动时间与前置时间分开很重要，但对待办事项较少的产品，这两个指标是相对接近的。因此，前置时间将继续提供有意义的度量，正如卡门·迪阿尔多（Carmen DeArdo）在全美互惠保险公司引入前置时间度量和流框架概念时总结的那样。[11]

在价值流中，周期时间变得非常重要。例如，确定价值流的特定阶段是否存在瓶颈，例如用户体验设计（UX）或质量保证（QA）。但在度量端到端的价值流时，最重要的指标是流动时间。就像我们在莱比锡工厂看到的那样，业务对流动速率和流动时间的需求，可以驱动价值流的体系结构。如果价值流网络需要支持为期四周的特性流动时间，那么在批量较大且开发周期长于两周的情况下，不太可能实现这一点。超出预期的前置时间，为在价值流中调查哪些内容以推动改进提供了基础（第Ⅲ部分总结了导致流动时间超出预期的原因）。

软件交付中的流动时间与制造业中的流动时间有所不同，因为流动项不需要以线性路径通过价值流（我们将在第Ⅲ部分进一步讨论）。某些流动项可以通过价值流的“捷径”而绕过诸多阶段，这在生产线中是不可能的。例如，监控工具或支持团队发现的高严重性事件可能是软件缺陷导致的；对于特定的价值流，服务水平协议（SLA）可能会指定一个 24 小时以内的流动时间来进行高强度的修复。为了支持这样的流动，价值流网络的活动模型（第 9 章）可以指定一个流程，在这个流程中，缺陷将立即落在当前冲刺的开发团队待办事项列表中，不需要诸如设计、计划和优先级划分等上游阶段。同样，没有外部发布的孵化产品可能跳过下游阶段，例如监管认证。这意味着，不同种类的流动项可以表现出非常不同的流动时间，这取决于它们流经价值流网络的哪些部分。

对创建响应式软件交付组织和有效的价值流模型而言，对这些不同的价值流进行调优至关重要，但对流动时间的度量将确保各个阶段的所有周期时间也得到优化。例如，源于高严重性生产事件的缺陷可能需要数小时的目标流动时间。对于一个成熟的产品而言，4 周的特性流动时间可能就足够了，而对于需要更快的假设验证节奏的实验性孵化区产品来说，可能需要一周的时间。

流动时间是对业务结果进行调优时最有意义的指标，因为它始于流动项被显式接受交付（例如新特性）或隐式接受交付（例如自动升级的事件）的时刻。如果不能设置和管理满足业务需求的各种流动时间目标，虽然可能创建一个对缺陷和事件高度响应的组织，但会令人疑惑为什么要花这么长时间才能通过特性的方式向客户交付新的价值。这是价值流局部优化另一个潜在的陷阱。

流动负载

流动负载的目标是为可能影响流动速率和流动时间的任何问题，提供一个先导性指示器。流动负载是对给定价值流中正在进行的所有活跃流动项的度量。它是一种对价值流中有多少并行需求以及在制品（WIP）的度量，这种度量在制造业很常见，并由德格朗迪斯提出，用于管理软件交付中的流动。正如德格朗迪斯所详述的那样，过度、过多的（价值流）利用会对输出产生负面的影响，在制品过量是生产力的敌人[12]。

流动负载是特定价值流中正在处理的流动项的总数，例如，处于“活跃”或“等待”状态。如果将价值流想象为一条管道，其中所有尚未开始或已完成的流动项都在管道的两端，那么流动负载就是管道内的单件数量。流动负载是管道上的载荷，包括所有部分完成的工作。

> 流动负载：价值流中处于活跃工作状态的流动项的数量，表示在制品的数量（进行中的工作）。

流动负载过高可能与效率低下有关。例如，唐·赖纳特森（Don Reinertsen）指出，由于队列时间过长，价值流的过度利用会极大地影响速度[13]。与其他流动指标一样，流框架没有提供绝对数字来指定流的流动负载应该是多少。通过确保跟踪流动负载，流框架可以将增加的流动负载，与流动速率和流动时间的变化相关联。这样做的目的是为企业提供先导性的指示器，以表明并行处理过多的流动项会降低输出。

正如赖纳特森所指出的，企业倾向于最大限度地利用价值流中的资源。[14] 在制造业中，这可能意味着确保每个机器人的使用率均要达到 100%。高德拉特证明了这种方法在制造业的缺陷 [15]，而赖纳特森则证明了过度利用对产品开发的负面影响 [16]。软件交付中的相应做法，是倾向于为构建软件的团队分配 100% 的诸如特性等流动项。正如德格朗迪斯总结的那样，寻求百分之百利用率的结果对软件交付和制造业都存在同样问题，会对流动速率和流动时间产生负面的影响 [17]。

当与其他流动指标相关联时，流动负载可以使结果更清晰，并为将流动负载设置为最大化流动速率和最小化流动时间的级别提供了可见性。请注意，这里的级别可能随价值流而有差异。例如，一个成熟的、明确定义市场的且团队经验丰富的产品，相较于探索性的并且团队较小的产品，也许能够承担更高的流动负载，因为后者需要在新产品进行客户拓展的过程中迭代 MVP 并承担大量的计划外工作。

流动效率

基于这种跟踪流动时间的方法，我们还可以跟踪每个流动项的主动处理的时间。这为我们提供了最后一个指标，流动效率，如图 4.6

所示。跟踪流动效率的目的是，确定流动项在价值流中主动处理的时间与总消耗时间之间的占比。流动效率越低，流动项停滞在等待状态所造成的浪费就越高。等待的流动项越多，在制品（WIP）就越多，价值流中的队列也就越长。随着队列的增长，过度利用和上下文切换会导致更多的浪费，延迟进一步加剧。

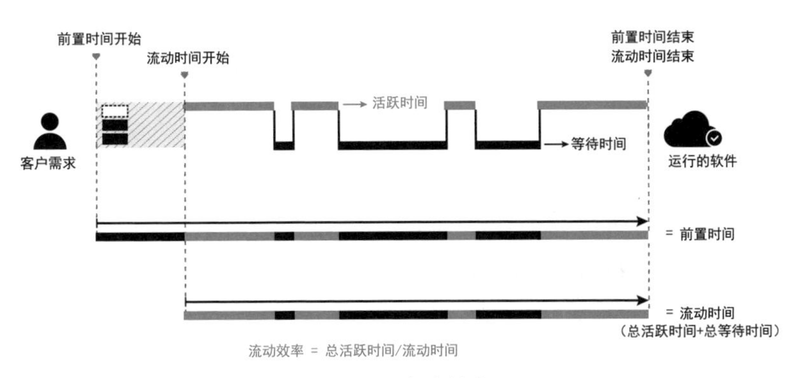

图 4.6　流动效率

尽管可以合理预测一些等待状态和流动项的排队，但跟踪流动效率的目的是识别等待时间过长的价值流，因此会导致流动时间的增加或流动速率的降低。价值流中的过度依赖，例如开发团队等待测试数据集，会因流动效率的降低而变得可见。由于流动效率是基于流动时间而不是周期时间，因此它抓取的是开发上下游的等待时间。如果开发团队在等待 UI 设计，而设计人员被分配去做其他工作，那么流动效率就会下降，因为相关功能处于等待状态，这两个团队都没有处理它们。因此，可以通过追踪流动效率降低的原因来识别价值流的瓶颈。

小结

如本章所述，我们需要使软件产品和价值流可见，如同在生产线中一样。由于产品无形的本质，在软件中实现这一点似乎比在制造业中更具挑战性。然而，我们并不缺乏数据收集和信息可视化的方法。莱比锡工厂本身就有无数的屏幕和数字化仪表盘，可以将肉眼看不到的遥测和生产报告显示出来。问题不在于信息可视化，而是在业务层面上，我们还没有提出一套令人信服的抽象概念来将其可视化。

相较于 DevOps 团队，他们知道要显示确切的遥测数据，例如每日部署和变更成功率。或者对比开发团队，他们使用 Scrum 或看板来使正在进行的工作对整个团队可见。换句话说，工作应该已经在专家和团队级别可见。组织所缺乏的业务层面的可见性，正好可以通过流动指标来提供。

由于现代工具链和交付流水线的复杂性，在所有价值流中，实时度量这四个流动指标看起来可能很困难。在第III部分中，将概述这一难题的解决方案，我们将探讨如何创建和连接价值流网络来支持这种流动和反馈。但在此之前，我们需要定义业务结果，它们是跟踪流动的首要目标。

第 5 章

连接到业务结果

在第 4 章中，我们讨论了如何度量 DevOps 三步工作法的第一原则[①]，即通过流动指标来度量端到端的流动。本章将探讨 DevOps 三步工作法的第二原则：反馈。反馈使我们能够将软件生产结果反向连接到业务。我们接下来需要建立一套基于结果的度量指标来支持第二原则的业务级视图。通过建立这样的度量指标，我们就能在流动指标和它们产生的业务结果之间建起一条反馈回路，形成一个可以赋能高效能 IT 组织蓬勃发展的持续学习与试验循环。

项目管理通过建立良好的规范来跟踪阶段、过程、资源和依赖关系，而这些都是成功完成项目的必要前提。与此相反，使用流框架跟踪业务结果的关键是，对每个产品导向的价值流进行持续跟踪。这不同于现有的很多按照项目或组织结构跟踪指标的方法。这种度量对象的变化是实现从项目转到产品的关键，粒度适当且准确的反馈对支撑决策制定至关重要。

① 译者注：DevOps 三步工作法是 DevOps 的经典理论，英文原文是 The Three Ways，《DevOps Handbook 中文版》中采用了“三步工作法”的描述方式。结合原作者的相关阐述，The Three Way 实际上是指 DevOps 的三个支撑原则，但并不包含传统意义上的第一步、第二步、第三步顺序执行的意思。因此，为了避免歧义，本书翻译采用了“第一原则”“第二原则”“第三原则”这样的描述。

在本章中，我们将讨论如何衡量每条产品价值流的价值和成本。然后，我们将从价值流和客户导向的角度讨论产品质量的度量。我们要讨论的最后一个业务结果度量指标，就是价值流贡献者的幸福度。本章的最后，我们将回顾在价值流仪表盘中跟踪的关键度量。

宝马之旅 根据业务结果优化生产

"我们无法准确预测电动汽车市场的发展速度，"弗兰克说，"所以我们不希望构建你在 BMW 1 系和 BMW 2 系中看到的那种自动化。相反，我们想要创造更多的东西——就是你所说的敏捷——这样我们就可以根据需要来扩展和适应。我们有一个更加紧凑的反馈回路来应对电动汽车市场需求的变化。例如，挪威刚刚宣布了一项计划，到 2025 年，所有售出的汽车都要是零排放的[1]。如果我们看到这样的需求增长，就能够演进生产线来扩大生产。因此，我们采用一组不同的、权衡的方法来创建这条生产线。BMW i3 的节拍时间是 8 分钟，这与你刚才看到的 BMW 1 系和 BMW 2 系生产线有很大的不同，在 BMW 1 系和 BMW 2 系生产线中，每个工作站的工作都需要在 70 秒的节拍内完成。每条生产线都是为满足我们的业务和客户的不同目标而量身定制的。"

在我看来，这就是价值流思维的缩影。当市场和业务需求发生变化时，可以向特定的产品投入更多资金。价值流本身的架构可以扩展。最重要的是，宝马集团在建造这些生产线时就考虑到了这种适应性。宝马之行的几个月之后，我了解到工厂确实把 BMW i3 和 BMW i8 的产量从每天 130 台提高到了 200 台[2]。

我突然想到，这正是我们需要考虑的软件交付方式。我们不应该自大到认为自己能够精准预测未来并断定能做到产品市场契合和规模化。所以，我们要为价值流定义好清晰的衡量成功的指标，并且让价值流具备适应性和可扩展性。我们必须围绕价值流来设计我们的软件和组织架构，别无他选。

“那么，这就是 BMW i8 生产线的样子吗？”我问道，不禁对 BMW i8 生产线的复杂性和自动化感到好奇；对我来说，BMW i8 是最让人印象深刻的量产车之一。

“不，不，不，”弗兰克说，“到目前为止，BMW i8 生产线是整栋大楼里最短的，仅仅为 BMW i3 生产线的几分之一，而 BMW i3 生产线只有 BMW 1 系和 BMW 2 系生产线的几分之一。猜猜 BMW i8 的节拍是多少？”

“8 分钟，就像 BMW i3 一样？”

“错！”弗兰克说。“是 30 分钟，你马上就会知道原因了。不过，让我们先看看 BMW i3 是如何制造出来的。”

将流动指标连接到业务结果

宝马集团生产汽车的节拍时间根据每辆车的不同业务需求来进行调整的，每辆车的目标结果也如此。与此类似，业务目标也会随着价值流的不同而变化。流框架的一个关键目标是为你提供一套核心指标来度量每个价值流。虽然针对具体的业务可能需要更广泛的指标集，但流框架要求你为每个产品的价值、成本、质量和幸福度制定指标，参见图 5.1 和表 5.1。

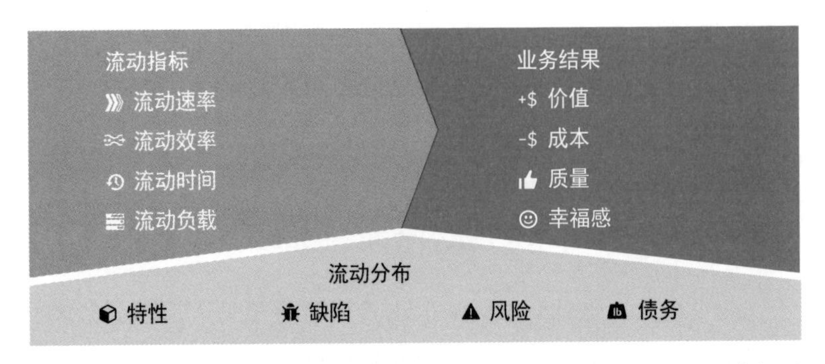

图 5.1　将流动指标连接到业务结果

这些结果的度量方式因地制宜，不同的组织会用不同的方法。但为了建立软件交付与业务结果之间的关联，每个价值流的每个度量指标都要有跟踪。在第III部分中，我们将探讨要启用这种度量指标集合的话必须对工具网络进行怎样的调整，例如对某个价值流的征兆展开员工调查以确保幸福度指标切实可以关联到相应的价值流。

表 5.1　业务结果指标

业务结果	度量	例子
价值	由价值流产生的业务贡献	收入、月度经常性收入、年度合同价值、月度活跃用户数
成本	业务的价值流成本	支持价值流的所有人员、运营和基础设施的成本。分配给价值流的全职员工
质量	由顾客感知到的价值流所产生的产品的质量	逃逸的缺陷、提交的工单、续约率、扩张率、净推荐值（NPS）
幸福度	价值流工作人员的敬业度	员工净推荐值（eNPS）、员工敬业度

度量价值

对于每个价值流来说，对价值的客观度量最重要。这应该直接来自组织所使用的财务指标。例如，对于面向客户的产品，度量指标可以是该产品的总体收入或月度经常性收入。价值的衡量可能会更复杂，包括不同类型的收入或续约率。在用户和购买者分开的多边市场，可能需要对价值进行特殊处理（比如，在广告支撑的业务模型中，价值流向用户交付特性，而收入来自横幅广告）。在这种情况下，可以使用收入代理指标，例如月度活跃用户，然后可以将其与收入关联起来。同样的方法也适用于预营收阶段的价值流，一旦产品和价值流扩张，使用的这个指标就能转化为收入。其他先导性收入指标也可以放到价值度量中，比如销售漏斗的增长或由价值流产生的客户满意度（如NPS）。

度量每个价值流收入的一个重要方面是收入跟踪系统，如会计和客户关系管理（CRM）系统。这些系统的建设需要能将收入结果与单个产品的价值流联系起来。如果销售成套产品时没有跟踪购买过程和使用这些产品中的 SKU，那么就会出现问题。

有些产品价值流可能无法直接货币化。例如，内部开发人员使用的软件平台组件的价值流，或者像计费或交易处理系统这样的内部应用程序。在这种情况下，这些价值流不会有直接的收入指标，但仍然需要定义价值结果指标。这些指标可以是产品产生的间接价值。

正如我们将在第III部分中看到的，价值流网络中清晰的依赖关系，可以使其支撑的营收生成类价值流外显并可见。如果一个平台或 SDK 组件支持 10 个价值流，那么它的度量指标就可以使用这些价值流产生的全部或部分价值。或者，可以使用产品内部采用率等内部价值度量指标。例如，假设一个内部计费系统曾经被 12 条营收生成类价值流使用，但其中 11 个价值流现在转而使用基于云的计费服务商，那么内部计费系统价值流就会缺乏收入支持，这可以作为终结该系统的理由。

这种决策的制定是产品导向思维模式的关键，而业务结果的度量对于理解各种取舍因素至关重要（更多关于如何通过建立价值流网络来便跟踪这些指标将在第Ⅲ部分介绍）。

价值流成本

价值流成本包含与特定产品交付相关的所有成本。这相当于要考虑与该价值流交付相关的所有东西的总成本，也可以类比制造业中的“价值流成本核算”实践。[3] 然而，这里面只包含交付成本，并不包括营销和销售等分摊成本，因为对于大多数组织来说，试图将这些成本映射到单个价值流会很困难甚至可以说是不可能的。

当我们考虑按价值流进行成本核算时，就会消解项目制管理的成本核算模型和资源分配方法。如果一个员工可以被分配到一个以上的价值流，那么就无法可靠地把他的时间分配到价值流中。我有个客户是一个财富 100 强 IT 组织，他们度量了每个开发人员要做多少个项目，结果发现，这个数字为每年 6 到 12 个。

无法计算每个价值流的成本，是项目制管理方式会在规模化软件交付时失败的另一个例证。如果不能准确度量每个价值流的成本，就无法可靠地确定产品的盈利能力或其他对软件创新至关重要的业务目标。这并不是说价值流不会使用共用资源（如支持多个产品的平面设计师），但这些资源应该是例外，而不是常规情况。

价值流成本需要考虑所有的直接成本，以及供价值流使用的共用服务的成本。这可能包括人力成本（内部和供应商）、许可证成本和基础设施成本（内部或托管）。关键变量是将每个专用服务分配给使用它的价值流，并将每个共用资源按所使用的比例分配给该价值流。如果使用的是云托管平台，则必须将计算和数据服务的计费分配到每个价值流，以全面掌握成本情况。

将价值和成本一同度量，能够实现度量每个价值流生命周期利润。在 *The Principles of Product Development Flow: Second Generation Lean Product Development* 一书中，唐・赖纳特森认为，生命周期利润是产品交付的首要指标，也是迄今为止最有意义的指标。[4] 然而，即使将这两个指标的分开，我们也可以度量预营收阶段价值流和内部价值流的结果。

价值流质量

关于软件质量度量指标，有大量参考文献。此外，DevOps 研究和评估机构（DORA）的“2017 DevOps 现状调查报告”识别出质量度量指标之间的相关性，例如逃逸的缺陷与 IT 和组织效能之间的关系。[5] 由于价值流聚焦于客户，这类客户可见的度量指标应该用于质量层面。除了逃逸的缺陷之外，事件的数量、工单数量和其他客户成功指标都可以纳入质量度量。对客户来说不可见的质量指标，例如缺陷时效和变更成功率，可以为质量问题提供重要的先导性指示。然而，它们应该停留在下面一层，因为流框架聚焦于客户和业务可见的度量指标。

关键在于，要分别跟踪每个价值流的质量度量指标，使质量的取舍要素可见。例如，如果强推上市时间会以质量为代价，这就应该见诸于由此产生的质量指标，因为这些指标可能是将来营收或续约流失的一些先导性指标，并预示着需要在缺陷上分配额外的流动分布来纠正这种情况。

价值流的幸福度

最后一个指标跟踪价值流的健康状况。在软件交付中，增值活动是由承担相关任务的人完成的，例如业务分析、设计、架构、编码、测试自动化、站点可靠性工程以及支持等任务。现在，软件交付中诸如手工测试等手工处理大多可以自动化。所以结果是，价值流的生产力由设计页面或编写自动化测试等价值创造活动来决定。随着自动化进一步提升（例如，借助于未来 AI 工具自动生成测试）的同时，科技公司也早就意识到，团队所做的创造性工作才是限制生产力的因素。

丹尼尔·平克等人已经证明，当涉及创造性工作时，快乐而又敬业的员工会产生更好的结果。平克认为，要获得工作满意度，要点在于自主、专精和目标。项目制管理方式妨碍了这三大要点，而产品制管理方式在工作和团队方面的稳定性则可以起到激励的作用。[6]

之所以对幸福度进行跟踪，除了需要借此度量和提升个人与团队的幸福感和生产力，还因为这能够暴露出价值流中存在的问题。例如，员工幸福度的缺乏可能是生产问题的重要征兆，例如缺少自动化会导致繁琐的手工工作，或者架构混乱而导致编写新特性变得困难。高效能的组织已经通过使用员工净推荐值（eNPS）等指标来衡量员工敬业度。值得注意的是，《加速》一书指出，对于 IT 组织，高效能组织的雇员把自己公司作为工作的好地方推荐给他人的可能性比其他组织高 2.2 倍。[7]

eNPS 一直是 Tasktop 发展的关键部分，几年前我和首席财务官一起启动了 eNPS，我们接下来会亲自推进这个计划，以便持续关注任何影响我们团队生产力和幸福度的障碍。我们使用弗雷德·赖克哈尔德的方法来度量每个部门的 eNPS，并度量每个部门内所有员工的平均 eNPS。[8] 这为我们确定何时需要对某个特定部门给予额外关注提供了宝贵的反馈。

然而，当我们将流框架在产品和工程团队之外进行部署，却出现了偏差：我们只在组织的筒仓中度量 eNPS，却不知道什么是特定价值流的 eNPS。这并不是说我们没有在价值流中跟踪员工的幸福度和敬业度，我和工程副总裁为此投入了大量的时间。但我们发现，我们的价值流分布在不同的管理梯队。我们的 Hub 产品在绩效梯队，而几个小的举措在孵化梯队，还有一项主要的新举措在转型梯队。

我们还发现，确保将人才分配到他们能得到成长的领域至关重要。例如，我们一些最好的开发人员在解决平台底层非常困难的规模和性能问题时得到了成长。这些开发人员倾向于在具有明确约束的环境中得以发展。相比之下，其他开发人员则擅长于在模糊的项目前期、快速原型设计和 MVP 等领域工作。像许多其他伟大的工程领导一样，我们的工程副总裁已经成功地掌握了如何将不同开发人员分配到不同价值流，帮助他们以最理想的方式实现自主、专精和目标。

但有一次，一个项目在关键阶段从孵化梯队迁入转化梯队时出现了不匹配的问题。这种不匹配甚至对处于绩效梯队的 Hub 团队和转化梯队的团队都产生了负面影响，因为前者失去了一个关键的贡献者，而后者在产品定义或架构方面还不足以帮助这个顶尖的个人达到脱颖而出的程度。在 eNPS 中不可能发现这一点，因为工程团队太大了，尽管大约有 20 个人受到了影响，这在 eNPS 分数上却不会造成明显的降低。通过定期的一对一会议和 eNPS 调查中的评论框，我们才发现是团队结构出了问题。

之前 eNPS 给带来了我们的预警系统——例如，当错误类型的经理被指派管理另一个部门时，会看到分数下降——现在却失灵了，因为我们在度量的是筒仓。然而，无论对于转化梯队的价值流，还是对于孵化梯队和转型梯队中的大人物，让工作安排保持原样是非常有害的。虽然度量永远不应该取代人与人之间的对话，但在那一刻，我们意识到没有遵循流框架的原则在价值流中度量幸福度，只是在职能仓筒对此进行度量。

大约是在这个时候，我与乔纳森·斯马特（Jonathan Smart）见了面，他在巴克莱银行为每个价值流开展 eNPS 度量。我意识到，乔纳森度量每个价值流（而不是每个职能筒仓）敬业度的方法正是我们所缺失的。我们对 eNPS 采集进行了扩展，不仅针对部门，还针对价值流。这种可见性的宝贵之处在于，它让你能搞清楚组织何时需要通过更好的培训或技术基础设施来更好地支持在整个价值流上工作的团队。

价值流仪表盘

当我们将流动指标与业务结果关联在一起，就会带来一个仪表盘，它将每个价值流中的工作与价值流产生的业务结果关联起来。这种做法迫使组织根据团队和其他成本来定义每个价值流的边界，以及每个价值流的结果保障的机制，例如营收和员工幸福度。在第III部分中，我们将探讨直接用支撑价值流的系统汇报这些结果所需的机制。如果价值流的一部分被排除在外（例如开发人员上游的人员、活动和成本），流动指标就不可能正确；如果没有准确地指定价值流和产品边界以及每一个价值指标，流动指标也就没有意义。但是，一旦将价值流指标与价值流网络连接起来，我们就可以前所未有地了解软件价值流中的内容以及这些内容如何驱动结果，如图 5.2 中价值流仪表盘样例所示。

Hub
外部客户：财富五百强

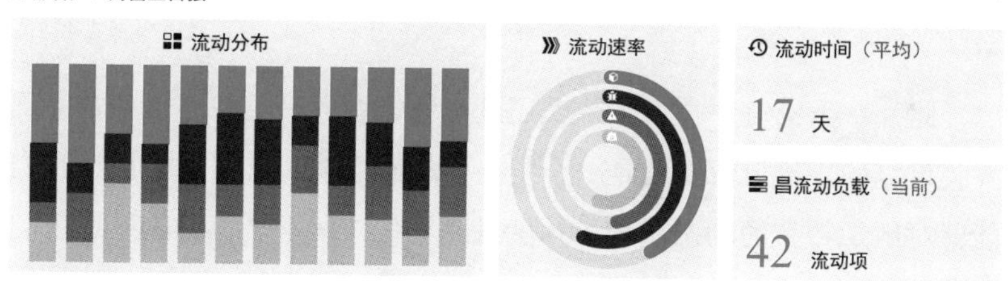

Integrations
内部客户：Hub, Sync, Dev

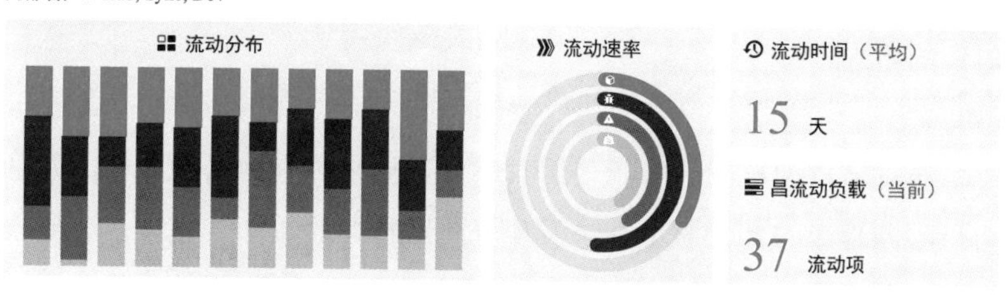

（版权所有 ©Tasktop Technologies, Inc. 2017–2018。保留所有权利）

图 5.2　价值流仪表盘样例

这个仪表盘样例让我们得以窥见如何使用流框架来跟踪和管理软件产品组合，并使业务和IT之间的取舍要素变得可见。例如，在图5.2中可见的两个价值流中，可以清楚地看到有多少全新业务价值是以特性的形式流经每个价值流的。

业务部门不会为每个价值流设置目标，而是会设置一个整体价值指标，例如特定产品的营收目标。负责价值流的团队可以设置相应的流动分布来优化特性流量。如果大量新的风险工作在关键的时间窗口内出现（例如，实施新的合规要求），关键干系人便可以通过该仪表盘看到相应的特性交付有所减少。与此类似，如果产品开发团队预测需要减少技术债务来维持功能交付的速度，那么就可以计划和排期这些债务；也可以就对特性速率的短期影响和长期影响这一取舍要素进行明确的讨论和决策。这意味着产品和工程经理在详细程度更精细层面所做的这类权衡，可以向上与更高抽象层级的业务干系人联动，从而驱动调整和决策。

此外，无论对于技术干系人还是业务干系人，业务结果都是准确并且可见的。价值流网络是一个复杂的动态系统。价值流指标让我们能够对组织特有的动态系统进行度量并优化，而不是盲目照搬通用的最佳实践。例如，在前面Hub的故事中，我们看到技术债务的累积会导致特性的流动速率降低。而在其他组织中，结果可能会转化为流动时间的增加。

通过流框架，我们可以使用真实的数据来确定这些相关性，并且可以不断地学习和调整。如果发现分配给特性的流动分布过多会导致质量问题，我们就可以判断这是否可能成为营收减少收益下降或用户减少等形式的价值流失的先兆。常见的流动模式也会出现。例如，价值流中过多的流动负载可能会导致流动速率降低，但多长时间会发生这种情况则是因价值流而异。

最后，因为所有的流动指标都与业务结果相关，所以我们有了一种机制来发现更根本的问题。如果高速交付原本要产生业务价值的特性流动项，却没有相应地转化为营收结果，那么我们可能是在外部的销售和营销价值流上遇到了瓶颈；瓶颈也可能是组织外部的问题，或者是产品 / 市场契合的问题。虽然流框架并没有提出关于如何提升流动的硬性规定，但它确实让那些动态的效果变得可见，进而让我们可以管理价值流，而不是让价值流来管理我们。

小结

本章介绍了一组业务结果。为了将对价值流的投资与基于结果的指标关联起来，每个价值流都应当跟踪这些业务结果。这组结果可以按照业务特有的方式进一步细化和延伸。但流框架的目标是确保至少有一个能支撑每个业务结果的指标，并且确保每个指标不仅要在整个组织中跟踪，还要对每个价值流进行跟踪。为了做到这一点，我们在思考成本和价值的时候，必须从不考虑长期价值流的项目导向模式，转向产品导向模式，让每个价值流与定义软件和 IT 投资组合的内外部产品对齐（关于转变所需的工具配置和架构设计，将在本书的第 III 部分中介绍）。

价值度量是对每个价值流的典型度量。虽然这似乎应该是显而易见的，但准确识别整个 IT 投资组合中每个产品的价值流和客户，却是很多组织都缺失的一个重要环节。一旦定义产品投资组合，度量成本、质量和幸福度就为流动指标与业务结果对齐建立了其他关键支柱。可以将这些指标组合在一起，从而打造一个价值流仪表盘，它打开了IT 的黑盒子，为技术人员和业务领导者提供一组通用的价值流指标。有了这些，组织就可以基于这套最小集合，进一步为决策制定提供战略支持信息。你可以构建仪表盘和报告来比较绩效梯队中成熟价值流的盈利能力，也可以确保支持转型梯队所需的实验和迭代有极短的特性交付流动时间。

我们会继续讨论如何对支撑这些能力的价值流网络进行定义，在这之前，我们先将透过流框架的视角回顾一些规模大且有严重后果的数字化转型案例。

第6章

追踪数字化颠覆

和许多其他人一样，随着公司进化，我们接近并开始在这个软件时代的转折点上取得进展，我亲眼见到一些组织变得衰弱，事后看来，这些似乎是可以避免的。近年来，其中一些失败的案例越来越多地见诸于主流媒体的报道中，例如，2017年9月艾可飞（Equifax）的IT故障导致数据大规模泄露，或是2017年5月英国航空公司（British Airway）的IT系统导致空中交通瘫痪。两家公司的领导层都将问题归咎于IT和工程，而科技行业的权威人士则表示，老派保守的领导层显然不懂软件和IT。如果我们假设双方都在尽最大努力帮助企业取得成功，而问题出在信息或视角上的差距阻碍了一方对另一方的理解，那该怎么办？

在本章中，我们将透过流框架的视角来回顾四个软件转型故事。我们假设这些组织的领导，无论在技术方面还是业务方面，都在使用他们手头的信息和决策框架来做出最佳的决策，而不是假设他们是出于恶意或无能。我们将揭示信息如何流动以及相应的管理方法为何不足。本章将以一个故事作为结尾，讲述如何在软件时代的转变中使用这些概念来扭转潮流。

首先，我们将讨论汽车软件缺陷在整个行业中的趋势，并探讨这将如何影响许多汽车制造商思考流动分布的方式。随后，我们将以艾可飞的安全漏洞为例，来证明企业领导层没有对关键价值流中的风险进行充分规划时可能会出现灾难性的后果。我们也将重新审视诺基亚的命运，关注于领导层对（技术）债务缺乏了解是如何导致该公司衰落的。最后，我们将以一个成功的故事作为结束，看看对产品、价值流和流动的深刻理解是如何帮助微软平稳度过软件时代的整个导入期的。

宝马之旅 优先专注于流动，自动化其次

弗兰克和雷内带着我沿着 BMW i3 生产线前行，这条生产线由自主平台组成，每隔 8 分钟就会将车从一个工作站移到下一个。

“这是一条现代化的生产线，我们已经能够采用一些非常新的生产技术，”弗兰克说。“注意电气驱动在这里是怎样的。”

弗兰克指了指一个机器人，它的样子和我们在 BMW 1 系和 BMW 2 系上看到的橙色大机器人很不一样。每个机器人都被一个大笼子完全围住。我们现在看到的是一名身着蓝色马甲的工人在机器人的帮助下将一个大型驱动部件搬进汽车。

“这是我们采用的是一种新型人类协作机器人，”弗兰克说，“它能感知肉体和触觉，它们的控制系统可以确保在操作过程中不会伤到人。”

它是如此的先进，在我原先的无知中，期望的 BMW i3 生产线是完全自动化的机器人。相反，我看到的是一种感觉像是未来的预兆，人类和机器之间的合作比以前更加紧密。在自主平台和人类协作机器人之间，对价值流的持续学习、

调优和优化令人印象深刻。

“在这里，你会看到BMW i3生产线被一分为二，”弗兰克继续说道。“我们已经能够并行装配汽车的两个关键部件。”

当我们沿着BMW i3生产线往前走的时候，弗兰克指着其中一个非常复杂的部分，那里的机器人比我们之前所见的更高。

“这是生产线上非常有趣的一部分，”弗兰克说。“这是分割的生产线合并到一起的地方，‘驱动模块’和‘生命模块’相互黏合的地方。电动汽车的设计使我们能够分别组装这些部件，直到它们在这个工作站上被组装在一起。我们来看一看。”

我们走到另一条栈桥上，然后向下看。我以前从来没有听说过“生命模块”，但一旦我们进入视野，可以很明显看到这就是人类乘坐的地方。我们看到一连串的胶水被涂在驱动模块上，然后，汽车的两个部分被一个巨大的机器人压在一起。这时我才意识到，我对大规模生产完全一无所知，我不知道胶水技术已经如此先进。

很明显，弗兰克和雷内被我的惊叹给逗乐了，他们带我从一个令人惊叹的工作站走到另一个。BMW i3生产线上的所有这些创新，从自主平台到装配的并行，一开始我都无法理解。但以雷内完全专注于流动的方式来看，所有这些决策和优化慢慢开始有了意义：他们从端到端流动的思考开始，不断优化每个步骤和序列来改进流动的时间和速率。

我们拐过一个弯，看到远处有一辆BMW i8的车身……

汽车软件的缺陷与特性

自 2010 年以来，汽车上的软件数量一直在快速增长。[1] 随着汽车制造业进入成熟期，汽车制造商之间的竞争一直在推动领先的制造商超越款式和性能规格来取得市场份额。在软件时代，这种竞争优势已经转移到信息娱乐系统、移动互联解决方案和自动驾驶功能上。所有这些都意味着更多的软件。

汽车已经从 100 万行代码的基础驱动功能（如牵引力控制）；增长到 1 000 万行代码，以满足越来越多的数字化、电子控制单元的增长，以及电动汽车所带来额外控制软件的复杂性；随着汽车互联和信息娱乐的发展，将达到 1 亿行代码，很快，随着自动驾驶技术的出现，将会有 10 亿行代码。[2]

这种快速的扩展速度产生了一些有趣的结果。Stout Risius Ross（SRR）公司的“2016 年汽车保修与召回报告”（Automotive Warranty & Recall Report for 2016）中强调了软件相关召回事件的趋势及其增长情况，如图 6.1 所示。

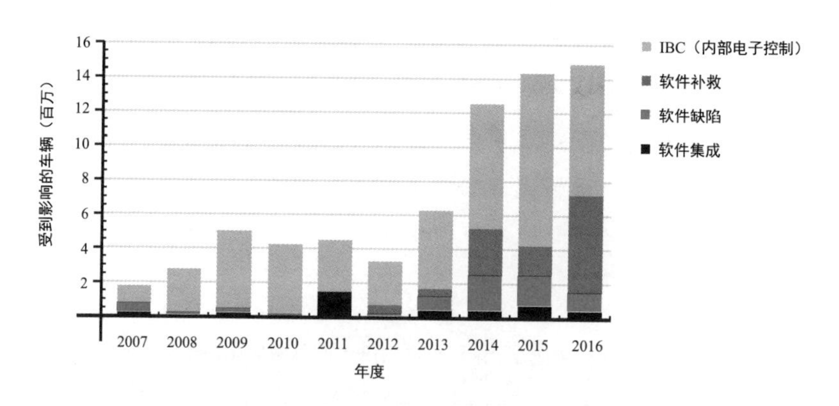

图 6.1　美国电动汽车零部件召回情况 [3]

报告中包含宝马、戴姆勒、FCA、福特、通用汽车、本田、现代、起亚、丰田、大众和沃尔沃的数据，从2016年更新的数据集中提取，不包括高田增压泵的召回。

根据SRR的数据，2016年，由于软件相关问题，累计发生了1400万起召回事件。[4] 召回数量的增长对汽车行业来说是个问题，因为越来越多的客户对汽车的体验取决于软件的质量（请注意，这些统计数字早于自动驾驶系统的广泛采用，在自动驾驶的情况下，软件缺陷的后果可能会更加严重）。

汽车行业的现状说明了从大规模生产时代的展开期来到了软件时代的转折点。从1908年到1929年，汽车行业处于大规模生产时代的导入期，汽车一直都有质量问题。[5] 爱德华·戴明（Edwards Deming）创造了一个著名的管理系统，该系统产生了精益、六西格玛和其他方法，成功控制了汽车质量。[6] 除了2016年高田气囊故障等特殊事件外，生产质量和交付问题都不复存在，这是展开期制造业成熟度的典范。

然而，如果一个软件组件发生故障，导致汽车熄火并需要进行牵引，那么汽车功能的所有机械方面的高可靠性就不再重要了。我相信，我们从召回率上升中所看到的，正是汽车行业运营模式颠覆的结果。由于汽车正在成为一种数字化和互联的体验，人们期望通过创新的方式（例如汽车共享）来满足客户机动性的需求，汽车厂商面临着巨大的压力，需要将新特性引入市场。

透过流框架的视角，我们知道添加的特性、修复的缺陷和降低的风险数量存在零和游戏的问题。在整个汽车行业，我们已经看到了由于特性优先于其他流动项而导致的质量权衡。这并不是说以牺牲质量为代价来优化特性流量总是不好的。例如，在推特（Twitter）等互联网公司的早期扩展阶段，宕机和其他质量问题很常见；然而，该产品成功地赢得了市场。尽管如此，在进行权衡时必须要有前瞻性，要考虑到业务结果，召回率暗示着汽车中的各种软件组件需要开始相应地改变流动分布了。

在复杂的软件交付环境中，这并不容易，可能需要建立与质量相关的整个内部价值流。例如，当我参观一家公司的硬件和软件实验室时，他们负责为电动车开发逆变器软件，我惊讶地发现有一千多名软件工程师参与了逆变器的生产。仅仅创建所需的仿真软件来确保逆变器不至于引发电力的飙升从而导致电动汽车在错误的时间加速，就是一项壮举，特别是当你考虑到成千上万的电子元件中任意一个超过汽车使用寿命发生退化和失灵时。与此类似，宝马集团为在冰岛超级计算机上运行的端到端汽车模拟器创建了一套价值流。[7] 他们利用 DevOps 的原理创建了一个持续集成系统来模拟汽车的软件和硬件行为。即使在 Tasktop，我们也有一个用于复杂客户价值流模拟的内部价值流，因为我们的集成测试做不到全面测试所有客户工具配置场景。

在每一个例子中，组织都清楚地认识到，想要流动速率快并缩短特性的流动时间，就需要在将质量嵌入到价值流中进行新的投资，而这是以短期内特性交付（速度降低）为代价的。在这里，流框架的假设是，太多的流动分布被分配给特性，导致太多的技术债务，这意味着未来的版本需要专注于修复缺陷和减少债务，直到召回率稳定下来。

艾可飞的风险问题

软件系统的安全性与它所暴露的表面积有关。系统规模越大，暴露的线上服务和其他面向互联网的功能越多，保护系统需要的工作就越多。在软件时代的部署期，一个关键的趋势是传统企业正在将更多的系统转到线上。随着为客户和业务合作伙伴提供的基于线上的新产品完成部署，这一表面积也在会增加。

网络安全是管理信息技术和保护敏感数据的软件基础设施公司与创建基础设施和软件以突破这些保护的危险分子之间的软件“军备竞赛”。自 2000 年这一转折点开始以来，安全漏洞激增，受影响的事件和消费者数量均在飙升。[8] 因安全漏洞而登上新闻头条的有家得宝（Home Depot）、塔吉特（Target）和摩根大通（JP Morgan Chase），每家都有总计超过 5000 万个账户被黑。[9] 尽管这些安全漏洞已经动摇了消费者对这些机构提供可靠的个人数据安全能力的信心，但 2017 年艾可飞的安全漏洞却产生了更广泛的影响。

自从 1899 年在美国成立以来，艾可飞一直在为其美国客户存储金融和其他私人数据。当艾可飞在 2017 年被攻破时，大约有 1.455 亿消费者账户被窃取。[10] 换句话说，对于一家在上个时代就已经掌握了其数据保护核心职责的企业来说，在转折点期间，公司领导层主导的决策导致了公司核心资产的大规模泄露。

艾可飞的首席执行官丢了工作不说，后来还得出席国会听证会。在那次听证会上，首席执行官将漏洞问题归咎于某个开发人员。[11] 一家科技公司的首席执行官将日常工作过程中发生的疏忽归咎于个别贡献者，这显然不合理。从技术人员的角度看，这就像汽车公司的首席执行官试图公开指责某个组装工人导致了这家工厂生产的所有汽车被召回一样不可思议。对安全和保护措施的需求，汽车公司的首席执行官必须要有清醒的认识，因为它们是生产过程中系统性和鲁棒性的一部分。相比之下，艾可飞首席执行官的陈述表明，进入软件时代后的传统企业，管理与生产手段之间是严重脱节的。

让我们假设，艾可飞的领导层在2017年将公司带入极其脆弱的境地时，考虑了他们的业务和股东的成功。我们可以合理地假设，首席执行官不希望失去工作，领导层也不希望自己和公司品牌的声誉受损到不可挽回的地步。公司领导层的职责是指导和保护业务，就像艾可飞一百多年来所做的那样。这意味着，在艾可飞的数字化转型过程中，一些根本性的变化使得首席执行官和公司领导层无法完成自己的工作。软件系统不得不以领导层和管理跟不上的方式进行扩展。

那么，如果艾可飞优先考虑的不是安全，又是什么呢？是更快的交付新特性和服务，从而在核心竞争对手面前保持竞争优势？是提高应用程序组合中某些关键部分的质量？无论做出了何种权衡，很明显，风险工作在价值流中没有得到足够的配置，很少进行审查，而且优先级不足[12]。考虑到许多公司当与科技巨头和初创公司竞争时感受到的交付新数字产品的压力，也许关注于客户可见的特性和质量导致了风险优先级排序下降，而领导层对交付团队待办事项列表中的债务水平缺乏可见性。无论流动分布不平衡的根源是什么，其结果都是灾难性的，无论对该公司还是其所服务的美国公民，都如此。

流动分布的一个重要特性是它是级联的，从交付团队到业务战略;我们可以度量一个价值流的流动分布，或者考虑组合流动分布对整个组织的所有价值流的影响。考虑到艾可飞面临的一系列技术决策所暴露出的安全风险水平，我们可以假设，首席执行官应该将公司大部分价值流分配并聚焦在风险和债务上。

让管理层通过可视化来了解哪些流动分布投资将支持战略目标，无论是确保数字化产品的安全还是加快未来特性的流动速率，正是我们需要将 IT 的语言和现实与业务联系起来的方式。如果艾可飞的首席执行官明白这一点，可能就有机会在整个公司的价值流中创建一个“降低风险”的北极星指标。在这里，流框架的假设是，艾可飞之所以会失败，是因为缺乏对关键价值流的风险和债务的优先级排序。

债务与诺基亚的衰落

我们对低产品质量、低特性速率和安全风险非常熟悉，因为我们都是数字化产品的消费者。接下来要讲的是诺基亚的故事，我将围绕着技术债务对价值流和公司成功的影响这一不太明显的因素来展开描述。

诺基亚 1865 年成立于芬兰。该公司最初是一家纸浆厂，后来发展成一家橡胶企业，随后在二十世纪中叶转向电子行业。诺基亚诞生于钢铁时代，并在大规模生产时代有惊人的突破，引领了移动通信革命。而后，尽管配备当时最好的手机和占据主导地位的移动操作系统，却未能成功跨越到软件时代。

我在 2008 年与塞班的首席信息官见过面。塞班开发了诺基亚手机的操作系统。诺基亚于 2008 年收购了该公司。[13] 在此之前的 2007 年，我创建了 Tasktop，并了解到诺基亚对我们基于开源开发者生产力工具的商业扩展套件很感兴趣。与首席信息官的一次会面使我们获得了第一笔高达六位数的软件销售收入，作为草创期白手起家的初创公司，这笔收入让我们又赢得了几个月的时间。但这并不是本次会面最有价值的部分。

此前，我在学术界、产业研究和开源开发领域工作了十年，但在职业生涯的那个阶段，我从来没有花太多时间与一位拥有一千多名 IT 员工的 IT 领导交流过。在两个小时的会议中，我对塞班的首席信息官产生了深深的敬意，并有机会与他面临的挑战产生共鸣。我在高速率团队中工作的经历使我觉得一切都简单明了，但在他那个大得多的世界里，一切截然不同。虽然我花了大量时间从源代码和计算方法的角度来处理技术复杂性，但我从未直接遇到过这种级别的价值流复杂性。我还了解到以前并不知道的一种技术债务。

沃德 • 坎宁安（Ward Cunningham）早在 1992 年就提出了技术债务的概念。[14] 我是 1999 年在施乐帕克研究中心的 AspectJ 编程语言团队工作时了解到这一点的，当时的技术负责人吉姆 • 胡古宁（Jim Hugunin）确保我们为每个版本专门分配了一部分的流量用于减少技术债务。吉姆将技术债务视为我们应该关注的头等工作来确保我们的平台不至于变得太难更新和维护。减少技术债务成为了我们的日常工作。塞班首席信息官所处理的问题是相关的（在稍后的讨论中，指首席技术官），但其规模远远超出了代码。

在 20 世纪 90 年代，塞班 40 系列操作系统向世人介绍了移动计算的可能性。通过收购塞班，诺基亚发出一个信号：未来的移动体验不仅是优雅的硬件，还有软件。到 2008 年，大多数移动设备都安装了塞班。[15] 作为大规模生产时代的大师，诺基亚收购了一家诞生于软件时代早期的公司。

提高软件使用体验的竞赛已经开始了。在诺基亚的领导下，塞班正在打造下一代 60 系列操作系统。新的操作系统需要提供一整套全新的特性，将移动设备与被压抑的移动服务和商业需求连接起来。

当一个软件组织快速运转以将新特性引入市场时，就会做出妥协。塞班在质量上有着很高的声誉。我对他们的风险和安全实践有第一手的了解，这些实践远远领先于他们的时代。那么，当企业对质量和安全性设置了很高的标准，同时又认识到新特性对不断增长的市场至关重要时，会有什么样的工作受到影响呢？答案是：减少债务所需要的工作。这包括技术债务、基础设施债务以及价值流网络本身积累的债务，例如阻碍开发人员生产力和流动的自动化缺口。图 6.2 展示了诺基亚市值从 2 500 亿美元跌到了谷底，对所有人来说，这都是一个毁灭性的结果。

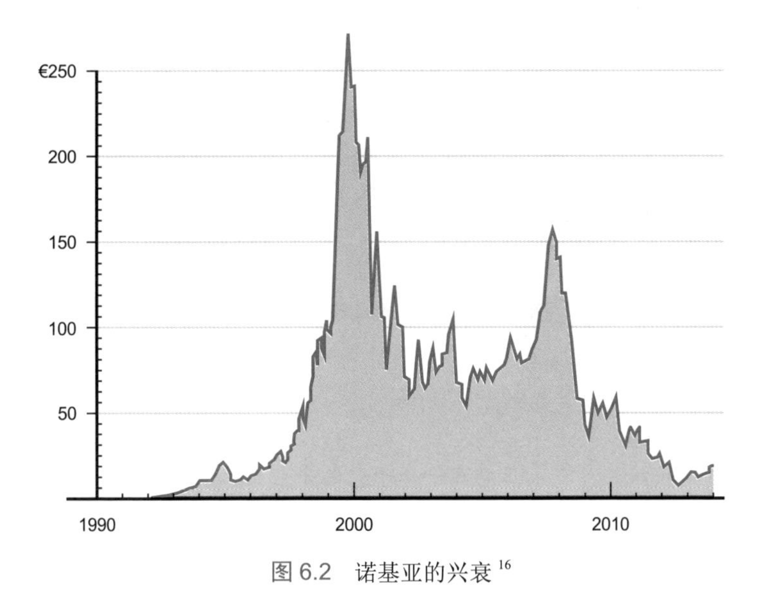

图 6.2　诺基亚的兴衰 [16]

时间快进到 2013 年：诺基亚失去了市场地位，以 72 亿美元（54 亿欧元）的价格被微软收购 [17]。就在这次收购前不久，诺基亚的新任首席执行官史蒂芬·埃洛普（Stephen Elop）向员工发布了那份“燃烧的平台”备忘录：

> 有这样一个故事：一个人在北海油田的钻井平台上工作。一天晚上，他在剧烈的爆炸声中惊醒，发现自己已被火焰包围。整个平台已经着火了。他奋力从浓烟和火焰中冲出，来到平台的边缘。他望向平台之外的地方，却只能看到黑暗、冰冷、可怕的北大西洋。
>
> 火焰越逼越近，他只有几秒钟的时间作出反应。他可以选择站在平台上，然后葬身火海；也可以选择跳下平台，陷入冰冷海水的30米深处。他所处的是一个正在燃烧的平台。
>
> 他决定跳下。这是出乎意料的举动。在通常情况下，他绝不会考虑跳到冰水中。然而这不是“通常情况”：他的平台着火了。他经受了从高处跌下和海水的煎熬，并获救了。他后来提到，“着火的平台”使他的行为有了极大改变。
>
> 我们现在也站在一个“着火的平台”上，必须决定该怎样改变我们的行为。
>
> 过去几个月间，我已经与你们分享了我从股东、运营商、开发人员、供应商及你们自己听来的言论。今天，我将与大家分享我的观点和态度。
>
> 我认为，我们正站在一个着火的平台上。
>
> 我们经受的也不止一次爆炸——我们已处在多个着火点的包围中。

> 例如，我们的竞争对手正在施加越来越大的压力，其发展速度超过预期。苹果重新定义了智能手机，并将开发人员纳入一个封闭但极为强大的生态系统，彻底摧毁了原有市场格局……[18]

当时，关于诺基亚衰落的原因，有很多传言。有一次，一位同事给我讲了一个故事，他看到一家芬兰报纸在头版刊登了诺基亚一位工程师的照片，声称芬兰遭遇的经济灾难是“他的错”，因为他建议诺基亚暂缓推出电容式触摸屏机型。我无法证实我朋友这个故事的真伪，但这确实说明谣言与指责扩散并发展到了怎样的程度。

不管是真是假，单独挑一名工程师出来，让他来背锅，让人联想到艾可飞的首席执行官，这样的管理模式创造的是一种问责文化，在这样的氛围下，很难推动变革并拿出勇气和冒险精神顺利通过转折点。而且，从一个成熟的生产体系的角度来看，这种来自高层领导的指责是荒谬的。单个员工的一个决定或一个错误不足以搞垮一家百年老店。然而在这两个案例中，似乎都是在指责个别工程师。

让我们假设诺基亚的领导层为公司和股东寻求成功。在如何最好地指导和保护公司的问题上，他们又一次遗漏了一些东西。斯蒂芬•埃洛普的备忘录可能是这个早已注定的结局之墓志铭。但我在第一次读到它时，印证了我从诺基亚工程师那里听到的故事：塞班 60 系列操作系统的技术债务累积如山，这是诺基亚领导层并不熟悉的东西，因为 40 系列版本操作系统要简单得多。这种债务水平远远超出了源代码和架构的层面，实际上已经超越了源代码，渗透到整个价值流以及软件交付的管理和规划中。这种债务在 40 系列版本的操作系统中根本不存在，40 系列版本的操作系统是在技术人员管理组织的时候创建的。斯蒂芬·埃洛普来自微软，微软是了解技术债务的，因而他看到了技术和业务层面上的问题。

至于埃洛普是发现问题的时候太晚，还是押注于一个存在根本性缺陷的移动平台，亦或是诺基亚作为一个组织，在这一点上已经分崩离析，大局已定，目前尚未可知。但如果诺基亚早几年就发现了他们的技术债务问题，就像 2002 年苹果发现 Mac OS 9 的技术债务无法被重构一样，那又会怎样呢？苹果意识到他们的下一个操作系统 Mac OS X 必须彻底重新构建。[19]

根据我的经验以及对诺基亚员工的采访来看，我相信，即便是诺基亚早在苹果之前就拥有电容触摸屏，它的命运也不会有根本性的改变。在业务层面，诺基亚在技术债务积累到平台无法满足其业务需求的地步之前，并没有优先考虑减少技术债务。要让这家公司从大规模生产按键的世界转向软件驱动屏幕的世界是不可能的。在这里，流框架的假设是，特性流被债务和现有架构严重抑制，平台已经进入了死胡同。在到达跑道尽头和改造平台的资金耗尽之前，需要对新的平台进行投资。

微软的产品交付

艾可飞和诺基亚的故事详细说明了当公司领导层对大规模软件交付的本质缺乏足够的可见性和正确的理解时可能导致的生存威胁。但是相反的例子呢？我们有最近的数字化原生公司案例，例如奈飞和谷歌等，只不过因为相对年轻的数字化组织在其 IT 投资组合中几乎没有债务，所以这些案例可能不太相关。没有这样的遗留资产并不完全是一种巧合。例如，就面向客户的产品下架数量而言，谷歌一直是产品制管理的优秀典范。但微软，作为帮助开创了软件时代的公司，则是一个更有趣的例子，因为它不得不在更长的时间范围内积累遗留资产并进一步扩张。

与一些年轻的科技巨头不同，微软有大量的机会累积无法估量的技术债务并使软件复杂到足以完全停止特性开发的程度，为安全攻击创造巨大的面，当攻击的严重性和复杂性增加时，这些攻击可能会使他们失去市场。然而，微软在管理其软件组合方面有一个天生就有的优势：一开始就是以产品为导向的。

2003 年，我在微软前首席架构师查尔斯·西蒙尼（Charles Simonyi）的初创公司 Intential Software 直接为他工作了 6 个月。在那一个又一个漫长的日日夜夜，查尔斯向我讲述了无数个关于比尔·盖茨和微软领导层如何管理和发展公司投资组合的故事。我发现，最令人惊讶和印象深刻的是盖茨是转向互联网的故事。

1995 年，盖茨意识到，如果微软不大幅增加以互联网为中心的特性交付，那么公司在未来的地位就会变得很不确定[20]。之后，他为微软的价值流设定了愿景，优先考虑以互联网为中心的特性，以便抵御网景（Netscape）的破坏。任何对 Internet Explorer 早期发布版本感到沮丧的人，都看得出质量和技术债务问题；但这些都是经过深思熟虑后的决定，这些债务在随后得到了偿还。盖茨能够以一种可能违反直觉的方式分配流动分布，因为由此产生的质量问题对微软的品牌产生了不小的影响。但最终，正是这种权衡，才确保了微软有了未来进入互联网的转折点和增长点。

接下来发生的事情更让人印象深刻。考虑一下盖茨随后向全公司发布的备忘录，注意，它的日期是 2002 年，远远早于安全漏洞成为头条新闻的今天。

> 来自：比尔·盖茨
>
> 日期：2002 年 1 月 15 日星期二下午 5 点 22 分
>
> 发送至：微软和子公司；所有全职员工
>
> 主题：可信计算
>
> 每隔几年，我都会发出一份备忘录，谈谈微软的最高优先级。两年前，是我们 .NET 战略的开端。在此之前，是互联网对我们未来的重要性，以及我们如何使互联网真正对人们有用。在过去的一年里，很明显，确保 .NET 是一个值得信赖的计算平台，比我们工作中的其他任何部分都更重要。如果我们不这样做，人们就不会愿意或能够利用我们所做的所有其他伟大的工作。可信计算在我们所有工作中优先级最高。我们必须引领这个行业在计算方面达到一个全新的可信水平。
>
> …… 我的意思是，客户将始终能够依赖这些系统来获取信息，并确保其信息的安全。可信计算是指像电力、供水服务和电话一样可用、可靠和安全的计算。
>
> 今天，在发达国家，我们不会担心电力和供水服务会不会断。使用电话，我们既依赖于其可用性，也依赖于其安全性来进行高度机密的商业交易，而不必担心我们拨打电话给谁或我们所说的信息会被泄露。这一点，计算还远远达不到，

从那些不愿添加新应用程序的个人用户（因为这可能会破坏他们的系统），到缓慢拥抱电子商务的公司（因为今天的平台没有达到标准）。

去年发生的一系列事件，从9月的恐怖袭击到一系列被重点报道的恶意计算机病毒，提醒着我们每一个人，确保我们关键基础设施的完整性和安全性是多么的重要，无论是对航空公司还是对计算机系统而言。

计算机已经成为许多人生活中重要的组成部分。在10年内，它将成为我们所做的几乎所有事情中不可或缺的一部分。只有在首席信息官、消费者和其他所有人都看到微软已经创建了可信计算平台的时候，微软和计算机行业才能在这个世界上取得成功。[21]

正如盖茨在需要的时候会引导公司进行特性交付一样，他重新设定了公司所有价值流的路线，通过“可信计算”计划的来降低风险；在安全问题成为大众媒体常见的头条新闻之前，他就这么做了。认识到导致Windows操作系统“蓝屏死机”与20世纪90年代的“DLL地狱”这样的诺基亚级别技术债务问题的严重性[22]，盖茨公开招募了业内最有才华的程序员兼软件架构师。1996年，安德斯·赫茨伯格（Anders Hejlsberg）获得了300万美元的签约奖金（130万年薪加股票期权和分红），帮助微软创建一个更为健壮的开发平台[23]。

通过流框架的视角来分析这些行为，可以看出盖茨是如何给组织设定北极星（指标）的，即首先关注风险，然后关注债务；以及他是如何认识到将这些刻度盘调高到10就意味着将特性刻度盘调低到0。虽然我们可以使用流框架来追溯分析他和西蒙尼的行为，但盖茨和西蒙尼并不需要它。两人都有必要的编程和产品背景，可以理解软件交付和IT的母语，萨蒂亚•纳德拉也是如此，他领导微软进入了云端市场。

我有机会乘坐西蒙尼的私人飞机，在他那270英尺长的游艇上写了几周的程序。我从那次经历中得出一个关键的结论，在软件时代，为了实现财富在整个经济体中的共享，我们需要这种能让所有业务领导都用得上的战略决策框架。

小结

行走于宝马集团的莱比锡生产线时，眼前宏大的规模和卓越的基础设施令人震撼。想象一下世界上最大的建筑物之一，里面的机器协作，多到你前所未见。如此协调的大协奏并不是一成不变的，它直接与企业的需求和市场的变化联系在一起。如果有太多的汽车出现在返工区域，工厂主管和其他员工马上就能看到，并会重新调配资源来解决质量问题。如果对宝马i3的需求增加，则可以在该生产线上部署更多的自动化或并行化措施来加大产量。如果宝马i8需要一个新特性，那么可以对它的定制生产线进行相应的调整。

宝马集团的创新基础设施与微软所打造的有诸多相似之处，答案必然存在于这些高效率组织内部业务和生产资料的连接方式之中。随着诺基亚的衰落，问题并不在于开发人员没有意识到围绕平台的债务正在削弱创新，问题在于，企业并没有意识到这一点，因此无法围绕其影响进行规划。

我在Tasktop经历了类似的事件，Tasktop Sync取得成功的同时也让我们进入了一条债务缠身的死胡同，我们需要用Hub创建一个新的平台。虽然平台重建本身是痛苦的，但总算是一个容易处理的技术问题。最困难的部分是，即便到现在也是，建立一个决策框架，让公司领导层知道什么时候推迟平台重建可能会导致公司倒闭或衰落。

比尔·盖茨和微软的领导层都有软件工程的背景，因此自然更能做出这些决策并意识到会对业务有哪些影响。正是这种在业务层面进行这些权衡的能力，使得一些公司能够得以蓬勃发展，而另一些公司却举步维艰。当今的技术巨头中，参与掌舵的开发人员越来越多，这可能与软件开发在帮助理解功能、缺陷、风险和债务流动方面所提供的第一手观点有关。

这种训练与我们过去在展开期看到的并无二致。例如，宝马集团的大多数首席执行官最初都是工厂的经理。[24] 工厂经理凭直觉就能知道生产的流动与如何关联到业务策略。他们的职业生涯是从某个单一的价值流开始的，然后是整个工厂；最终，他们在这个过程中学会的东西多到足以为整个公司服务。

虽然这很好地发挥了开发人员作为“决策新任王者”的作用，但仅仅提拔对领导力有兴趣的开发人员是不够的[25]。我们需要连接当今业务领导和技术专家来提升软件交付的实践来缩小而非扩大这一鸿沟。要做到这一点，我们需要一种共同的语言，使技术人员和业务干系人都能获得正确的信息，从而推动业务做出正确的决策。

在本章中，我们探讨了企业对软件交付缺乏正确的可见性而导致重大决策错误的故事，以及对具有良好意图的企业领导者来说，很容易好心却办不成好事，微软的故事告诉我们，肯定有更好的方法。流框架包含组织管理新方法的一些关键内容，可以帮助企业安然度过转折点。

第Ⅱ部分要点总结

在第Ⅱ部分中，为了弥合业务和IT之间的鸿沟，引入了价值流指标。通过流动指标，将我们的价值流与业务结果联系起来，这就是我们将如何获得像宝马集团先进制造生产线所拥有的那种可见性和反馈。第Ⅱ部分涉及的价值流指标关键要点如下所示。

- 定义流动项：每个流动项都可以通过观察工具网络来测量。使用流动项，我们可以通过工具网络来度量业务价值流，并将其与业务结果关联起来。
- 设置流动分布：这是流框架最重要的部分，因为所有其他指标都依赖于此。我们需要跟踪每个产品价值流的目标流动分布，以确定交付的业务价值的类型。
- 度量流动速率：我们需要能够度量随着时间推移交付给客户的每个流动项的量级。这就是流动速率，取自敏捷软件开发中的速率这个概念。
- 跟踪流动时间：流动分布和流动速率提供了一种经验性的方法来衡量在一段时间内完成了多少工作，但它们并不能表明工作在系统中循环的速度有多快。流动时间定义了我们向市场交付业务价值的速度。
- 度量流动负载：为了优化价值流的流动，我们需要避免因太多在制品（WIP）而过度使用价值流。流动负载指标允许我们在价值流级别跟踪这一点，例如，指示有多少特性正在并行处理。
- 跟踪流动效率：在每个产品的价值流中，流动项要么正在工作，要么等待工作完成，要么等待依赖项得到处理。流动效率度量生产与等待时间的比率，从而调整我们的价值流以提高生产率。

- 连接到业务结果：价值、成本、质量和幸福度是需要作为流框架的一部分进行跟踪的四个业务结果指标集，以便将软件投资与业务绩效关联起来，并提供一组通用的面向结果的度量指标来连接业务与 IT。

进入展开期之后，组织无法等待技术人员从基层做起再层层提拔。第 6 章中的警示故事表明，如果企业领导不适应，那么将有太多的企业会消失，员工和整体经济都将付出巨大的代价。为了避免出现下一个艾可飞和诺基亚，我们需要一种共同的语言和框架来连接当今的技术和业务领导。在软件时代，我们组织的群体能力包括理解业务价值如何通过软件来交付流动，以及如何预测和调整这些流动以求在市场变化中得到蓬勃发展，将是取得竞争优势和取得成功的关键。

现在的问题是我们如何做到这一点？我们如何通过软件交付来获得这种不确定的可见性和反馈？大多数企业 IT 组织已经尝试了所有的仪表盘、商业智能和大数据解决方案，为什么 IT 仍然是企业的黑盒子呢？

答案是，我们需要直接连接新的生产方式，这就需要创建一个价值流网络。正是基础设施，使得数字组织中的软件交付与那些摸索未来的公司截然不同。在第Ⅲ部分中，我们将学习如何创建这种新的网络来连接业务和软件交付。

第Ⅲ部分

流框架

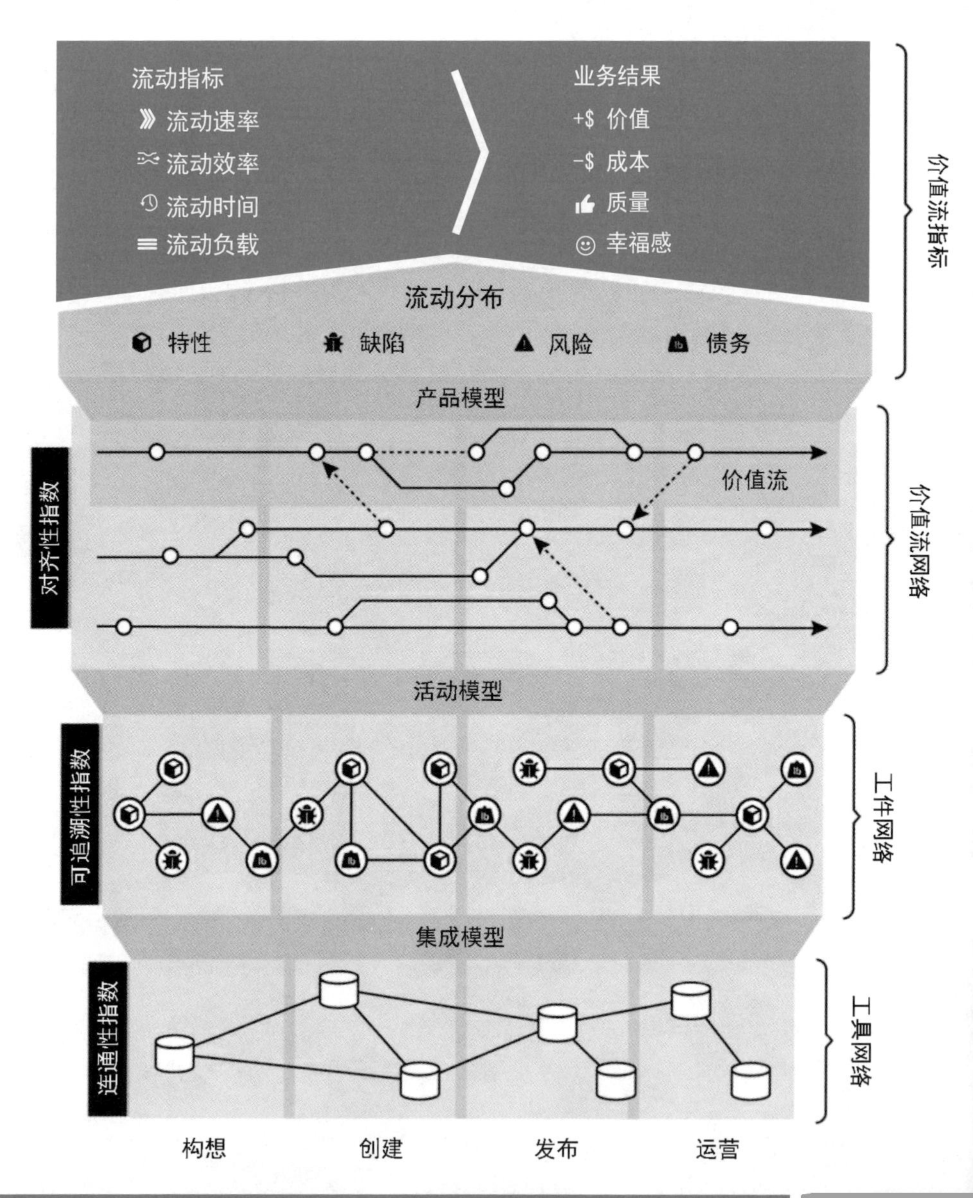

流动指标
流动速率
流动效率
流动时间
流动负载
业务结果
+$ 价值
-$ 成本
质量
幸福感
价值流指标
流动分布
特性
缺陷
风险
债务
产品模型
价值流
对齐性指数
价值流网络
活动模型
可追溯性指数
工件网络
集成模型
连通性指数
工具网络
构想
创建
发布
运营

第 III 部分

价值流网络

我们需要一种新的基础设施将软件交付与业务结合起来，并围绕产品导向的价值流来调整我们的组织。在第III部分中，我们将定义价值流网络这个新概念、网络的三个层次、度量网络的指数及其底层模型。

在第 7 章中，我们将看到，随着敏捷和 DevOps 运动的推动，带来了同类别最佳的以及专业化工具的爆发，由此引发了对价值流网络的需求。在由 IBM Rational 开创的单工具平台中，整个价值流网络是内在连接的。谷歌和微软等科技巨头也纷纷效仿。例如，微软宣称其开发平台事业部 3 500 人中有 800 人致力于打造 Visual Studio Team Services （VSTS）[1]。考虑到这样的人员配置，我们可以推断，像微软这样的科技巨头多年来已经投入了数十亿美元来创建能够在价值流中提供端到端流动与反馈的内部工具网络。因此，与那些选择同类别最佳工具的供应商和开源工具的企业相比，科技巨头几乎拥有绝对的优势，因为上述这些工具从未被设计用来提供如此水平的价值流或业务反馈。

Rational 对企业工具网络的端到端控制已经被打破，取而代之的是数百家供应商和开源项目提供的新一代的、高度定制化的最佳工具组合。正如《加速》一书中总结的那样，更多的工具选择为个人利益相关者带来生产力的提升。[2] 但是，工具的多样性也会带来更高的成本，因为流动和反馈可能会受到各个迥然不同的工具的阻碍。

为了应对由此产生的环境混乱并从项目制转换到产品制，从而使价值流变得可见，我们有两个选择：一是像科技巨头一样，花数十亿美元的投资，构建统一的工具套件；二是将由供应商和开源项目开发的现有工具连接到价值流网络中。没有价值流网络，流动指标就无法正常工作，因为这些指标此时只能体现部分价值流的数据，而不是端到端的价值流。这会导致组织重新陷入价值流局部优化的陷阱，正如我们在第II部分看到的失败案例那样。价值流网络可以实现不同的软件交付功能的互连并关联到业务。

在第III部分，我们将介绍以下主题。

- 技术领域的根本性转变，迫使价值流网络成为IT堆栈的第一层级。
- 308个工具网络研究的总结，论证了信息在价值流网络中需要跨工具流动。
- 价值流网络各层的概述，以及集成模型、活动模型和产品模型，将各层彼此连接起来，并与业务关联。
- 产生价值流网络概念的三次顿悟，以及每次顿悟如何为我们在组织内实现流动、反馈和持续学习提供指导。

本书的这一部分，将从企业为什么需要一个新框架，转到需要跟踪、度量和定义什么，以实现由流框架提供的流动、反馈和持续学习。

第7章

企业工具网络的客观事实

在深入了解如何创建和连接一个价值流网络之前，我们首先需要了解企业IT工具网络的客观事实。在汽车制造厂，我们很容易找到客观事实，因为我们可以看到汽车沿着生产线在流动。在软件交付中，我们面对的是不可见的知识工作。然而，如果对宇宙的理解仅限于用眼睛能观察到的东西，我们就无法超越蒸汽机和铁路时代。正如需要工具来了解电力是如何通过电网或工厂流动一样，我们也需要一种新的方法来观察知识工作是如何在软件协作和知识创造工具中流动的。

在本章中，我们将从另一次参观宝马集团工厂讲起，从汽车生产的实际场景中寻找灵感。然后，我们将回过头来看看这些可视化概念如何应用于企业的工具网络，以及为什么了解软件交付的基本流程不仅对开发人员，而且对所有层级的领导同等重要。这并不意味着每个人都需要学习如何编程，就像我不需要学习复杂的先进制造技术就能欣赏宝马集团对大规模生产的专精一样。但是，每一个想要围绕IT和软件投资来做出合理决策的人，都必须从业务价值流的角度理解软件交付。

本章首先展示我们如何通过检查工具网络中的工件，对我们的价值流进行一次虚拟的Gemba walk（日语，指对工作的个人进行观察）。然后，我们更仔细地了解开发人员的工作与价值流脱节之后会是怎样的。最后，我们将深入讨论我的前两次顿悟。第一次顿悟源于度量开发人员的工作与价值流脱节所产生的重大的生产力损失。第二次顿悟是，这个问题不只存在于开发人员之中，而且还关系到价值流中涉及的所有技术和业务干系人。

宝马之旅 为业务量身打造产品线

虽然我从未拥有过 BMW，但我长期以来一直将 BMW 这个品牌视为汽车设计与工程的巅峰。对我来说，没有什么比 BMW i8 更能体现这两者的完美结合。从 2014 年它的图片出现在互联网上的那一刻起，它就成了我的桌面壁纸——不是因为我想买，而是因为我着迷于这样的技术奇迹是如何创造出来的。

“正如你所看到的，这是迄今为止最短的一条生产线，”弗兰克说。“每个工人都是多面手，因为生产线上的自动化程度要低得多，他们负责执行多个步骤。我们这里更灵活。”

我们继续沿着 BMW i8 生产线往前走。以 30 分钟的节拍来算，我们走得比生产线上的汽车快得多。所以，当我们从一个工作站前行到下一个工作站时，每一辆车从当前状态快速翻转到未来状态，这是一个有趣而缓慢的观察过程。

但是，尽管 BMW i8 的技术和设计都很出色，我却一直忍不住得将目光投向 BMW i3。直觉上，我觉得 BMW i8 的生产会让我更激动，因为我一直认为这个产品更令人瞩目。但令人印象最深刻的是生产过程自身，其复杂性似乎比汽车本身高出几个数量级。我意识到，吸引我的是生产，而不是产品，于是我又回到了 BMW i3 生产线。

我仍然在思考弗兰克告诉我的关于 BMW i3 自主平台的事情。

“弗兰克，我一直想问，”我一边说一边看着一辆快要完工的 BMW i3 在平台上向前移动。“你能重新配置这些平台的路线吗？”

“是的，我们可以，”弗兰克回答。“例如，如果我们开始生产混合型 BMW i3s，是能够规划新的路线的。自主平台可以通过软件进行配置，”他解释道。“但这种情况并不经常发生。”

“这种情况并不经常发生。”当我们回到 BMW 1 系和 BMW 2 系生产线时，这句话还一直萦绕在我的脑海中。一路上，我们看到了一些更令人惊叹的事情，包括新的车身原型；然后是测试中心，在那里，样车在滚轴上加速到超过 200 公里每小时（约 124 英里每小时）；还有水密性测试，在那里，汽车在模拟倾盆大雨中淋透。这足以让人联想到詹姆斯·邦德在 Q 的实验室里穿行的情景，以至于我从内心深处渴望着能够转过街角就能看到一辆宝马从底盘喷出火焰，煎烤着站在旁边的碰撞试验假人。

我的思绪被眼前的东西所吸引：一边是低可变性、高容量的 BMW 1 系和 BMW 2 系生产线，另一边是高可变性、低容量的 BMW i8 生产线，还有奇妙的 BMW i3 生产线，它可以重新配置，用来在生产过程中添加像混合动力发动机这样复杂的东西。

一年前，当我参观博世汽油/混合动力实验室时，真切感受到了现代混合动力的复杂性；我的一些同事将其比作是把两辆车的复杂性合并到了一辆中。某种程度上，汽车工厂可以应对这种变化。但工厂的作用是按照各自价值流的目标产量来生产汽车。尽管每一辆下线的汽车都是独一无二的，但汽车的设计并没有发生根本性的变化，因为汽车并不是在生产过程中设计的。

这是一种更好的构思大规模软件应该如何构建的方法吗？我们如何才能在软件生产过程中获得这种可见性？

“米克，”弗兰克说，把我的思绪从难题中拉了出来。“我们去喝杯咖啡好吗？”

“好的，”我咕哝着说。雷内向我点头微笑，显然很乐于看到这段参观之旅带给我的影响。这家工厂对他而言意义非凡，因为他在转入IT行业之前，是在这里开始个人职业生涯的。现在，我终于明白为什么了。

“好，”弗兰克说。“现在你终于可以看到瓶颈了。”

寻找客观事实

20世纪80年代，汽车行业遭遇了一场有据可查的质量危机。[1] 汽车变得愈发复杂，生产规模逐渐扩大，质量问题接踵而至。虽然汽车生产流程和工艺的问题已经得到了解决；然而，在竞争态势的限制下，大规模生产汽车却完全是另外一回事。尤其是在特斯拉不断扩大生产Model 3的情况下，整个行业都要面临这个新的挑战。

正是精益生产运动使生产的质量和可变性在规模化时得以控制。精益管理的核心在于Gemba walk这个概念。[3]关键是亲眼看到价值是在哪里创造的，并将公司管理层与生产的实际情况联系起来。宝马工厂的参观对我而言是一次深感荣幸的邀请，让我开启了为期两天的Gemba walk。之所以认为Gemba walk可以让我们受益良多，是因为在过去的十年中，我在财富500强公司的IT组织办公室以及软件初创企业和所谓的独角兽公司（价值超过10亿美元的私营初创公司），有过数十次类似这样的Gemba walk。

尽管有着各种仪表盘和遥测技术的大型显示器越来越普遍，但它们看起来都不一样。它们缺乏一种通用的业务语言来显示软件价值流中的内容。另一方面，Gemba walk是真实的，在制造业中非常有效，因为所有的工作和所有支持工作的基础设施都是可见的。

虽然软件的周期可能比汽车和零部件更短暂，但软件工具的使用提供了一种独特的、精确的、细粒度的方式来查看和分析软件本身是如何构建的。软件开发人员所执行的几乎每一个操作都可以在一个或多个工具中进行跟踪。有了正确的模型和抽象，就有可能分析所有的这些数据。这种数据的捕获和保真度水平就连制造业都羡慕，因为很少有学科可以将如此多的工作活动外化到一个工具库中。鉴于信息可视化的成熟，我们应该能够可视化软件价值流中发生的每一个活动的每一个方面。因此，问题并不在于我们是否能够可视化软件交付；而在于我们如何可视化和建模这些数据，使其对业务有意义。

作为一名研究人员，我职业生涯中的大部分时间都致力于创建能将开发人员的活动与价值流中的工作流连接起来的工具。工具库中的数据是软件交付的客观事实。在本章中，我们将进行一次虚拟的 Gemba walk，以此来回顾我和我的同事们在收集和分析数据时的发现。正是通过这些发现，才有了第 I 章中总结的三次顿悟，每一次顿悟都揭示了价值流网络的一个新的方面，以及我们如何使用它来获得软件生产过程真正的端到端可视化。

开发人员的一天：第一次顿悟

我对开发人员日常工作的第一次 Gemba walk 发生在自己的日常工作中。这完全是因为当时的我真的很绝望。在施乐帕洛阿尔托研究中心（Xerox PARC）时，我当时刚刚进入个人编程生涯。那是 2002 年，我们的开源项目 AspectJ 开始大踏步前进。那时我们的用户社区正在蓬勃发展。我们做到了持续交付，遵循的是肯特 • 贝克（Kent Beck）的 XP（极限编程），并且雄心勃勃地计划着要在编程语言领域留下自己的印记。

增长中的开源社区，不断提交的缺陷和功能特性需求渐增，加之我们希望实现这些缺陷和需求并将其纳入下一个语言或工具功能特性版本的目标，导致看似工作积压没有尽头。我们知道，围绕着新语言有组织地发展编程社区的能力，与我们添加的功能特性的流动时间和流动速率成正比。这让我第一次尝试每周工作 70~80 个小时。住在旧金山，通勤去帕洛阿尔托上班，这还意味着，在每两周的发布周期中，我至少有一次得睡在办公桌下，以便可以有更多的时间来敲键盘。我的老板，格雷戈尔 • 基查莱斯 (Gregor Kiczales)，当时是通用 Lisp 对象系统（CLOS）的设计者之一，他告诉我们团队，在职业生涯中，难得只有一次或者非常罕见的两次，能够站在技术突破的第一线。这无异于打鸡血，更加让人激情澎湃。

然后，疼痛开始了。起初，我对前臂隐隐作痛还不以为然。但随着下一个版本中不可避免地出现大量需要完成的功能以及可以一次又一次发布这些功能让我感到兴奋，我的疼痛变得愈发严重了。到了2002年，每一次点击鼠标都会带来疼痛，而预定的休息时间似乎都是向前一步，又倒退两步。施乐帕洛阿尔托研究中心有一名护士，经过她的诊断，我是得了肢体重复性劳损症（RSI），前臂的肌腱和神经发炎了。她为我制定了一个计划，可以总结为每天服用4片强效的布洛芬，持续两个月，消炎。两个月过去了，我的手臂感觉稍微好了一点，但一旦停药，疼痛似乎比以前还要严重。她给我开了两个手腕夹板，让我一直戴着，并建议我无限期服用布洛芬。

我的老板格雷戈尔在我戴夹板的第一天就注意到了我的异样，他把我拉到一边，和我进行了一段非常简短却伤人至深的谈话。他告诉我，他在施乐帕洛阿尔托研究中心（Xerox PARC）见过不止一位同事因为肢体重复性劳损症（RSI）而不得不结束职业生涯。然后，他问我是否需要几周或几个月的带薪休假。

这是我最不愿意听到的。在业务突飞猛进的此时此刻，我简直无法想象离开自己深耕已久的用户社区。我陷入了绝望的沉默，开始自个儿寻找解决办法，而不是继续用布洛芬镇痛。我也意识到，这个悬而未决的问题已经持续半年多了。我距离受伤可能造成永久性伤害越来越近了，而这正是我试图避免的结果。

我扔掉布洛芬，开始了我的第一个实验：借用不同的输入设备，看看是否会让情况有所不同。我使用了各种鼠标、轨迹球和分体式键盘，这些设备在那些加班到深夜的员工中相当普遍。但其实没有什么比远离键盘更有效。我编码越少，效果就越好。我觉得自己陷入了一个困境，因为除了写代码，我实在想不出自己还能做什么。

我试图缩小问题的范围。头一天，我工作了大约 6 个小时才感到疼痛，直到我不得不停下来。虽然我的左手有一些疼痛，护士也会用同样的方法来治疗，但实际上是我的右手——握鼠标的手——不行了。我的下一个实验很简单：学会用左手来操作鼠标，这样每天有原先两倍的编程能力。然而，采购部对我申请购买左手鼠标的反馈是，要求我先归还我的第一只鼠标。经过一番解释，我得到了第二只鼠标，接下来的两周，我强迫自己用左手来使用鼠标，结果可想而知。这说明我还需要更进一步的探索。

虽然我有了一个临时的解决方案，但我觉得鼠标点击成为我个人生产力的瓶颈，说明从根本上来说是有问题的。然后，我注意到道格拉斯·恩格尔巴特要出席 PARC 论坛，这是我们的常规系列讲座。恩格尔巴特之前就职于施乐帕洛阿尔托研究中心，他带我们了解了“所有演示之母”幕后的故事，非常及时地演示了他最新发明的“电脑鼠标”，这种鼠标增强了他对键盘的使用。这让我回想起我在编码时是如何使用鼠标的，与恩格尔巴特最初的设想似乎并不一致。

在编程时，应该是逐行输入代码。在工作中，我最喜欢的就是写代码，而且我很擅长把与代码无关的让人分心的活动排除在工作之外。那么，如果我的手要花大部分时间在键盘上，到底为什么还会这么频繁地使用鼠标呢？

我对每一次鼠标点击的怨愤与日俱增，因为在重复性劳损症状发作之前，我能编码的时间成为了瓶颈。一年后，当我开始攻读博士学位时，终于有时间对那些毫无意义的鼠标点击进行更仔细的检视。为了更好地理解编码活动中的客观事实，我创建了一个流行的 Eclipse IDE（集成开发环境）插件，在我编码时用于自动跟踪我的所有活动。

在最初 Gemba walk 我的活动历史时，我首次意识到，虽然我大多数按键盘的时候都是在写代码，但在写代码时，有超过一半以上的交互都是用鼠标四处点击来查找写代码所需要的信息。这些交互大部分是在点击文件夹和树形视图、重复搜索以及点击结果。

我向我的导师盖尔·墨菲（Gail Murphy）提出了自己的想法，并建立了一个可视化的模型。然后，有趣的事情发生了。事实证明，在大多数情况下，我访问的是之前访问过的部分代码，即一遍又一遍地搜索和反复点击相同的工件。对此，我感到很惊讶，因为我一直以为自己大部分时间是在搜寻新的信息，但数据显示却恰恰相反。这似乎有些不对劲儿。

软件架构的作用在于使代码更容易进行本地变更。糟糕的架构意味着，当添加新功能或修复缺陷时，开发人员需要在代码中的许多地方进行更改，而这些更改本应该是本地化的。具有讽刺意味的是，我在 PARC 的团队正在研究一种面向切面的编程语言来本地化横切的修改；然而，这似乎并没有帮助到我。我积压的工作和软件架构之间也存在着更深层次的不匹配，我也不清楚更好的编程语言是否能够解决这个问题。

为了更好地了解即将到来的工作和我的编码活动之间的交集，我扩展了监视工具来跟踪我与计算机的每一次交互。我进一步尝试将由交互来决定的上下文视图作为我主要的导航工具。我的鼠标点击次数大幅下降，以至于手臂在几周后明显感觉有好转。在那一刻，我知道我有了一项重大的发现。盖尔感受到了我的兴奋，并帮助我在进一步深入探索之前先制定一个真正的实验。

6 个月后，我得到软件、研究设计和职业道德批准，把我在自己身上进行的实验，复制到多伦多 IBM 软件开发机构工作的 6 名专业开发人员身上。我最初的目的只是收集数据，但后来盖尔说服我通过实地访问并与每位参与者进行面对面的深入访谈，来进一步获得对参与者的定性认识。

在这项研究中，参与者第一次看到自己的工作场景自动连接起来是什么样的（这是当时开发人员从未见过的），但他们都有同样的抱怨 ：一旦切换任务，他们所有原本相关的代码就变得不再相关了。在访谈过程中，我让他们列出处理多任务的原因。这些上下文切换中的每一次都是他们被告知要放下手头的工作，转去完成更紧急的功能、缺陷或安全修复工作。完成这些之后，他们才能回到之前的消减技术债务或开发新 API 的工作中，然后重复一次又一次被打断的过程。

采访结束的那天，我彻夜未眠，思考着我所学到的东西，然后我有了第一次的顿悟。捕获和连接编码的上下文是可能的，但真正的挑战，导致我肢体重复性劳损症（RSI）的并不是代码，而是编码活动（软件架构的一部分）与价值流中的各项工作是脱节的。这才是开发人员生产力的最大瓶颈，我意识到，在更小的范围内，这也正是发生在我身上的事情。但扩展到更大规模的这些专业开发人员的工作上，问题要严重得多，取决于他们的价值流中流动着多少工作。

顿悟 1：由于软件架构与价值流相互脱节，随着软件规模的不断扩大，生产力会下降，波动①会增加。

这个问题看起来如此重要，以至于盖尔和我开始计划进行一次更大规模的用户研究，以获得具有统计学意义的研究结果。为了解决这个问题，我们使用了我越来越来受欢迎的实验性开源工具 Eclipse Mylyn，并招募了 99 名专业开发人员来跟踪他们几个月的日常编码活动，为他们与价值流断开连接时（与连接时相比）的生产力设定基准。

通过 16 名开发人员所产生的足够的活动，我们验证了将软件开发人员的日常工作围绕价值流而不是软件体系结构进行重新调整，可以在统计学上显著提高生产力。盖尔和我在 2005 年的软件工程基础国际研讨会上发表了研究结果。[4] 十年后，现在大多数开发环境都在某种程度上支持将开发人员连接到价值流工件，后续一篇论文在 2015 年模块化大会上获得了最具影响力论文奖。[5] 这一发现至今仍然有影响力，我们也是从那时开始了解到，这个问题的影响范围并不仅限于开发人员。

缺失的一层：第二次顿悟

为了更广泛地了解企业价值流的真实情况，2007 年，盖尔・墨菲、罗伯特・埃尔斯和我从英属哥伦比亚大学转出了 Tasktop 产品。我们此前的产品假设是基于开源和科技公司的软件开发，很快，我们就发

---

① 译者注：此处原文是“productivity declines and thrashing increases”，这里的 thrashing 是指过载导致上下文切换，进而发生拥堵的现象。此处的原文与第一章中介绍顿悟 1 时略有差异，第 1 章中作者使用的原文是“Productivity declines and waste increases”，即生产力下降和浪费增加。

现了自己根本不了解企业IT的现状。我们找到一个大客户，这里我称之为FinCo，该客户希望消除其数千名IT员工之间的重复数据输入。问题在于，如此大的企业规模，还采用了不同的IDE，甚至许多IT人员压根就不用IDE。各种软件交付专家使用着不同的测试工具、运维工具、需求管理和计划工具。

在我们销售主管里克的陪同下，罗布和我参观了FinCo的工作场所，以便更好地了解这位富有远见的领航者在说些什么。我们试图理解为什么仅仅为开发人员解决这个问题不足以获得令人满意的收益，虽然这原本也相当于他们大部分软件人员的预算支出。这次的Gemba walk让我有了第二次顿悟。

由于我们当时还处于精益创业模式，所以开始试着调整自己的开发工具，以满足FinCo所有相关IT专家的需求。由此我们意识到，我们正在解决的开发人员问题并不局限于开发人员内部，它还包括了开发与运维、质量保证以及业务互动所需要的方式。试图用一个连接到开发人员桌面上价值流的工具来解决这个问题是行不通的。罗布随后为FinCo开发了一个原型，该原型以点对点的方式将来自开发人员IDE的信息传递到价值流中的其他工具。

在研究该解决方案的架构时，我们意识到开发人员的问题只是冰山一角。FinCo真正的问题是，两个从根本上分离的价值流，让无数IT人员每天花费大量时间手动在各种工具中输入信息，并提供状态更新和报告。在每种情况下，手动更新都是在某个或另一个项目管理与跟踪工具中进行的。

这与我们所看到的软件架构和价值流之间的脱节有关，但在FinCo，这种脱节更为严重。（手工）运维基础设施以及缺乏部署自动化和编排意味着不仅是软件架构，而且运维基础设施与价值流也是断开的。这些观察结果让我产生了第二个顿悟——项目管理模型、端到端交付体系结构和价值流之间的脱节是大规模软件生产力的瓶颈。

> 顿悟 2：脱节的软件价值流会成为软件生产力规模化的瓶颈。这些价值流的脱节是滥用项目管理模型的结果。

小结

本章所探讨的问题、存储库和工具的激增，以及这些组织所缺乏的完整的基础设施层，让我产生了第二次顿悟——认识到脱节的软件价值流是大规模软件生产力最大的瓶颈。从业务干系人到支持人员，所有软件人员都存在着这种脱节。这是端到端交付架构和项目管理模型与产品导向的软件价值流之间不一致的结果。回到制造业，这就像是每个工作人员在下一个工作站倒出零件，并希望他们的同事在能够进行任何增值工作之前，先将零件捡起来，清点数量，并向项目经理报告结果。剩下的问题是，这些脱节是根本性的，可以解决的，以便围绕产品导向的价值流重新调整企业 IT 组织。在我们回答这一问题并重新审视第三次顿悟之前，我们首先需要验证一下为什么会这样脱节。

第 8 章

专用工具和价值流

围绕着前两个顿悟来做的用户研究以及我个人的经验，我清楚地认识到，缺乏一体化的工具正在导致价值流严重碎片化。在个体层面，碎片化显著降低了开发人员的生产力。在组织层面，同样的碎片化也产生了类似的问题。对于亲眼见到这一切的技术人员，我可以负责地说，开发和运维中的一切瓶颈都与此相关。

问题是，解决方案呢？我们把所有工具都放在一个存储库里，是否有用呢？这种方式适用于导入期的早期，当时许多组织都完全在 Rational 提供的工具网络中工作，与技术巨头和流行的开源机构（包括 Apache 和 Eclipse）所采取的方式类似。但是，其他组织照搬这种方式是否可行并且有效？今天，市面上的敏捷和 DevOps 工具网络的复杂性陡增，是否表明正在发生某些更根本的事情？像 Mylyn（高度集成到 Eclipse 中的任务管理工具）和 Slack（云端协作工具）所做的那样，提供跨存储库的单一管理平台是否可行？亦或是这里潜藏着一个更为基础的结构性问题？

在本章中，我们首先探讨在 DevOps 和敏捷工具领域中所看到的工具激增的原因；接着讨论价值流割裂的本质和结果；最后研究 308 个企业的 IT 工具网络，回顾经验教训，使我们在规划和创建有效的价值流网络时能够不受限于工具。

宝马之旅 从专一化到通用化

在莱比锡工厂，BMW 1 系和 BMW 2 系生产线由相当于数百种的不同工具和流程的软件组成。一年前，我在宝马内部供应商大会上做过演讲，现在，我能够认出当时展出的工业技术公司的商标；在生产线的各个工作现场都能看到。虽然每个单一的工作现场都很吸引人，但最令人印象深刻的是这些不同步骤和不同供应商所提供的机器之间的同步协调。

“你可以看到我们是如何全部聚焦于流动的，”雷内说，“我们需要软件生产工作也能这样。我们实验了许多专用的工具和系统，而且如你所见，它们在不同的生产线上是不同的。但我们总是以价值流为起点，确保不同的工具能够支持实现流动。”

“我最近参观了劳斯莱斯工厂，”雷内继续说。“由于每一步的制作工艺都非常精细，他们的生产时间是两个小时，他们为其中包含的许多手工环节而感到自豪。更有趣的是我多年前参观 BMW Z 系列经历。你会认为 BMW Z 系应该属于你说的‘孵化梯队’，因为它们不是为了大规模生产。令人惊奇的是，一个大约 100 人的团队管理着该车的整个价值流，所以，与 BMW i8 类似，但所有的生产都是由单个团队完成的。它类似于我们一直讨论的‘特性团队’。团队甚至还为这个车系提供了售后支持。”

“你说的‘为这个车系提供售后支持’是什么意思？”我插了一句。到目前为止，我一直在琢磨雷内关于跨职能团队的观点。

"如果这辆车有问题要维修，"雷内说，"制造这辆车的团队就要负责解决问题。那么，软件开发人员如何承担运维的职责？这是一个可以让我们受益匪浅的有趣的实验。不过正如你所看到的，我们越是大规模生产，就越需要人员、流程和工具专一化。但我们仍然能够将这个特性团队亲历所得的经验纳入这个规模中。"

职能专一化和工具数量激增

对于一个工具、一个团队甚至一个组织来说，软件交付已经变得太复杂了。开发人员日常工作中令人瞠目的浪费、我们所看到的 IT 专职化人员间的联动方式以及专用化工具的激增，都源于同一个问题。随着 IT 行业的劳动分工不断细化，某些事情已经发生了变化，这导致了多工种 IT 员工工具的专一化。

FinCo 的经历让我认识到在大规模的软件交付中涉及多少工具和专职人员。但是，为什么 FinCo 不能像我们在 Eclipse 基金会所做的那样，把所有东西都放到单一的问题跟踪器中呢？直到今天，Eclipse 仍然在单一的问题跟踪器、源码仓库和持续交付系统中，跟踪跨越 6000 万行代码的数十万个工作项[1]。人们很容易把所有这些诉求视为遗留产品和 IT 组合的职能而将其忽视，但忽视产品经理、需求经理、业务分析师、团队负责人、开发人员、测试人员、性能专家、运维人员和支持人员等不同专职化人员的不同诉求是错误的。我们在研究 308 个工具链时识别出来的不同专业领域如图 8.1 所示。

图 8.1　敏捷与开发工具的角色和专一化

在一些情况下，FinCo 的不同业务部门会使用不同的工具。例如，开发 Java 应用程序的开发人员使用的是与开发微软 .NET 应用程序不同的敏捷问题跟踪工具，因为各个工具都是为特定平台定制的。然而，总体而言，我们在每个企业 IT 组织中发现的工具激增都超出了前期的预想，令人吃惊，其中一部分其实是遗留工具所带来的。但我们与 FinCo 合作所面对的更多是根深蒂固的复杂性。

随着软件开发规模的扩大，各种角色的从业者都在为自己手头上的工作寻找专用的工具。用于跟踪客户工单的工具与用于跟踪敏捷待办事项的工具截然不同，针对业务分析人员用于对客户用例和工作流进行建模的工具也是如此。即便如此，这些工具在底层数据模型、工作流模型和协作跟踪设施层面几乎可能是相同的。因此，尽管较小的组织能够使用单一的以开发人员为中心的问题跟踪器，但随着工作复杂性的不断增加，工具专用化的诉求也随之激增。

现代软件人员需要用户体验以及为特定角色量身定制的参与型系统。这给供应商带来了专一化的压力，当前各种工具的涌入堪称工具网络的寒武纪大爆炸，市面上的敏捷和 DevOps 工具多达数百种。

通过对 308 个工具网络的研究，我们能够从企业 IT 工具网络中总结出两种复杂性：

- 固有复杂性：对专职化不同干系人的诉求予以支持来改进业务价值流动，会产生差异性，所有这种差异性都属于固有复杂性。例如，根据我们的数据，开发 Java 应用的组织更可能使用 Atlassian Jira，而开发 .NET 和 Azure 应用的组织更可能使用 Microsoft VSTS。
- 偶然复杂性：这包括工具栈中所有不改进业务价值流动的差异性。并购沿袭下来的工具或因缺乏集中治理而对功能雷同的工具做出不同的选择，都属于这一类。例如，一个组织可能有三款缺陷跟踪工具：（1）一款 20 年前自建的遗留工具；（2）一款深受开发喜爱的新问题跟踪工具；（3）一款收购得到的开源问题跟踪工具。

从价值流体系结构的角度来看，这两类复杂性都必须考虑在内。降低工具的偶然复杂性应该是一项持续的工作，因为这是一种价值流债务。与任何生产线一样，对于每个根本不同的职能，价值流中应当有且只有一种工具为该职能提供支持。更成问题的是，组织有时无法区分偶然复杂性和固有复杂性。通过对价值流的分析，我们发现了以下固有的复杂性实例：

- 干系人专职化：软件交付的不同干系人必须有不同的工具，才能在其特定的知识领域取得成效。支持人员需要支持服务水平协议（SLA）或 ITIL 流程的工具，而开发人员则需要能高效进行代码审查和提交处理的工具。
- 规模专用化：专用于不同组织规模的工具。例如，一款轻量级的看板工具可以很好地简化十几个团队的工作流程，但若是对数千名工程师的关键安全系统的行业标准需求进行跟踪，则，必须要有一款分层次需求工具。
- 平台专用化：开发平台厂商通常会提供平台的配套工具。例如，微软提供了端到端的 DevOps 和敏捷工具，这些工具针对 Azure 产品这一开发平台进行了优化，而其他的厂商则专用于 Java 生态系统。
- 梯队专用化：更具实验性的孵化梯队产品可能只需要最轻量级的跟踪工具，从而最小化过程开销；而诸如绩效梯队中那些更成熟的产品，可能需要更紧密地集成业务需求及规划、治理、风险、合规等方面的工具。
- 遗留系统：要摆脱旧工具或自研缺陷跟踪工具这样的遗留系统，付出的成本和破坏影响也许代价过于昂贵，尤其是处于维护梯队或生产力梯队中的产品。如果将它们现代化不是业务重点，那么遗留系统就会成为复杂性的另一来源。
- 供应商多样性：一旦软件外包和采用更多开源软件，期望软件供需双方使用相同的工具就会变得不切实际。例如，开源项目倾向于使用开源工具，而小型供应商则倾向于使用轻量级跟踪工具而不是大规模软件交付所需的企业级工具。这也适用于咨询的场景，这时需要将组织边界之间的价值流打通。

尽管任何组织都应将消除偶然复杂性并尽可能标准化作为目标，但是还有一个因素会导致需要专一化，那就是一个组织运作的规模。我们可以将规模认为是基于公司大小的简单函数。然而，通过 308 个工具网络的研究，尤其是与组织讨论导致工具和工件流的业务驱动因素，更具体的规模维度便浮现了出来。其中包括所服务的特性、产品、合作伙伴、市场和平台的数量，如表 8.1 所示。

表 8.1　规模的维度

维度	描述	示例
特性	应用领域对技能要求越高，特性集就越复杂，就越可能需要更多数量的专职人员和专用工具	因为汽车信息娱乐系统不仅有媒体回放，还要有车载功能，所以在功能上本身就比奈飞等完全做流媒体服务的用户界面复杂
产品	组织需要支持内外部产品的数量	初创企业可能只有少量的外部产品，而且没有内部产品。大型信息技术组织的外部产品和内部产品可能都有成百上千款
合作伙伴	业务线内外部的合作伙伴越多，所产生的价值流集合就越复杂	合作伙伴可能需要使用他们自己的专职人员或专用工具，而且需要与整体的交付过程连接
市场	每个市场或市场划分都需要新的软件版本或配置，复杂性不断升高	如果一个组织同时进行 B2C 和 B2B 销售，它可能需要两个独立的支持渠道来连接多个价值流
平台	开发和云平台往往与交付工具紧密耦合，必须或是鼓励使用这些工具	如果选择微软 Azure 作为托管平台，就必须将相应的工具添加到工具链中，因为 Java 生态系统的工具往往不是为 Azure 量身定制的

一些早期进入软件时代的组织专注于高度简化的产品，以此来限制这一方面的复杂性，进而创造蓬勃发展的业务。推特和奈飞就是很

好的例子，它们没有致力于做复杂的功能或产品，而是打造极简的用户体验，并专注于创建能够将这些相对简单的产品以互联网方式规模化推广的基础设施。

总的来说，使生成的软件更易于管理和迭代，对降低这些维度上任何的偶然复杂性都大有帮助。然而，许多组织的情况是，复杂性是业务固有的。尽管应该不断努力降低复杂性，但在这种情况下，我们需要想办法去理解和管理。

这样做是实事求是的。软件交付是人类所从事的最复杂的活动之一。也就是说，因为所需的专业知识与技能的数量激增，专项职能化的数量也必然会增长，这已经得到了过去其他学科的证明。其结果与我们在先进制造业中所看到的并无不同，即一直以来，为了支持工具网络中日益增长的复杂性，由供应商组成的庞大而多样化的生态系统创造着越来越多的专用化工具。然而，专用的工具并不少见，例如，我们有大量工具用于电子邮件和文件处理，它们使用标准协议和数据格式实现了良好的互操作。既然如此，为什么我们还去看所有非增值工作的证据呢？

看到价值流中的脱节

在贯穿本书所总结的用户研究中，我看到了波动的症状——尤其是在工具网络中存储流动项的部分。正是在工具网络这一层，定义了工作是如何在定义价值流的人和团队之间流动的。这一层酷似我们在汽车生产线上的交接；除了有一点例外，在许多情况下，没有生产线，只是专注于将工具部署到特定的工作站。开发人员和其他专职化人员所做的不是手动进行所有的交接，就是忽略交接。例如，如果让一名技术支持人员登录他们的工具，获得某个缺陷修复的更详细信息（反之亦然），这名技术支持人员就会告诉开发人员他们需要从技术支持工具去详细了解要修复什么（图 8.2）。针对风险的处理尤其令人不安。在 FinCo，开发人员从下游的一款工具获得了一份安全漏洞的电子表格。然后，他们需要将这些，手动输入到他们的问题跟踪工具中，并进行额外的容易出错的手动分类和优先级排序。

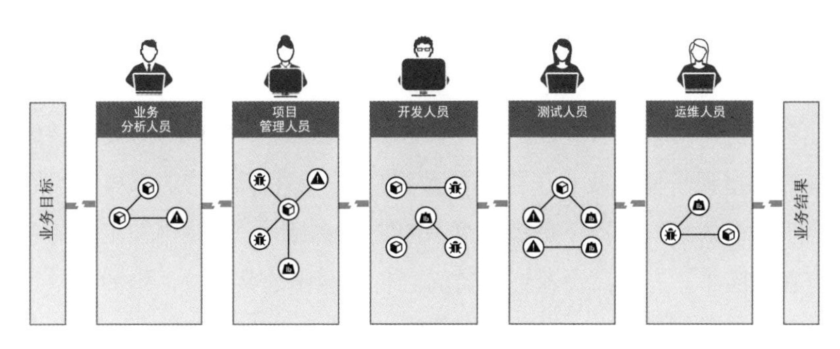

图 8.2　分散的价值流

此外，因为工作经常有信息损耗，导致延迟和返工，所以本应流动到完成状态的工作却经常流不过去。我们所研究的一家汽车软件供应商开始对返工和延迟工作的根本原因进行了度量，他们注意到，多达 20% 的需求和缺陷不是信息损耗，就是手动交接引入了错误。当他们打通了与汽车 OEM 厂商（代工生产商）之间的价值流网络并实现了缺陷和需求的交换，这一比例跌至 0.1% 以下。此前的手动处理就好比将一大堆零件倒在开发人员的工位上，并转身离开，然后希望在不断有新的零件倒在原先这堆零件上的同时，他们还能够整理好所有的零件。

挖掘企业工具网络的真相

在访问宝马集团的莱比锡工厂时，沿着生产线走，我总能看到真相并受到一定程度的启发。为了搞清楚这 308 个组织的“车间现场”，我想尽可能多地收集相关的数据。我们从以往的研究中学到一个重点，即真相存在于工具库中。换而言之，通过这些信息，能够以最直观的方式查看软件的交付过程。

挑战在于访问工具库中的数据。迄今为止，影响敏捷和 DevOps 转型的大量数据来自调研。虽然调研数据能够用来整体且在较长的时间跨度内观察价值流，但想要得到真相，就需要能让我们连续且全面地看到工作流动的系统数据，就像 ACM Queue 的“DevOps 度量：你最大的错误可能是收集了错误的数据”[2]一文中所总结的那样。问题是端到端的系统数据不是藏在组织的防火墙后面，就是锁在工具的私有存储库中。有的厂商或许能访问到价值流中的某一段，例如，尽管提供技术支持平台 SaaS 工具的厂商，可能有跨公司的技术支持工单信息，但这段价值流中并不包括开发、设计和业务分析的所有上游数据。

在与转型中的财富全球 500 强组织进行合作时，Tasktop 的解决方案架构师会与各个工具的 IT 管理人员一起，绘制一张“价值流集成”图来进行规划部署。这些图中包含存储库以及存储在其中的工件类型，最重要的是，图中的数据还描绘了这些工件类型是如何通过价值流的流动关联在一起的。这些图（图 8.3 展示了其中一例）抓取了某一时刻的概要信息，包括价值流中各个工具、各个关键工件以及这些工件之间的连接，有时还包含这些工件之间“应该有却没有”的连接。请注意，这些图表不是通过学术研究收集的，而是从企业 IT 工具管理员及其工具在现场进行数据采集的过程得到的。

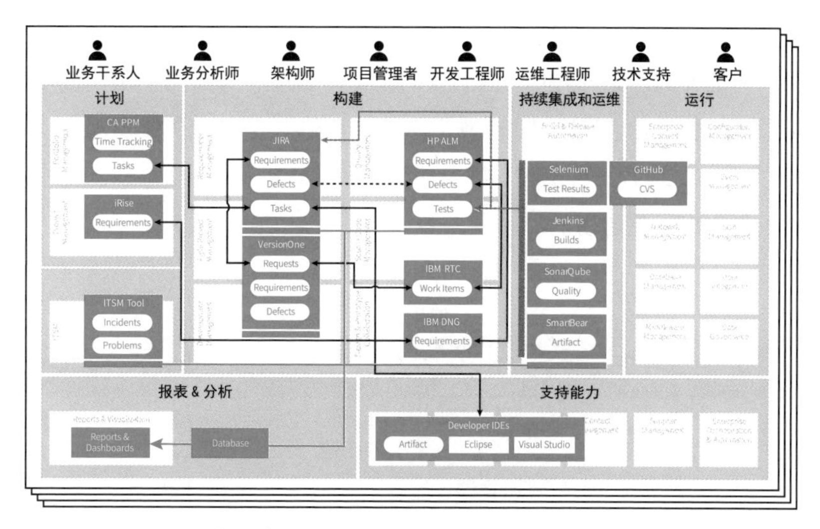

图 8.3　价值流集成图

在当时的 308 个组织中，有 28% 是来自金融服务、交通运输等广泛行业的财富全球 500 强企业（*IEEE Software* 的文章“挖掘企业工具链的真相”中有 2017 年研究的完整总结分析）[3]。这里，为了搞清楚如何在自己的组织中创建卓有成效的价值流网络（第 9 章），我将选出研究报告中必要的关键发现加以评述。

这些组织报告总共使用 55 种不同的工具来支持它们的软件交付价值流。这个数字本身就令人诧异，因为据这些组织报告，在十年前，同样的信息只保存在 IBM Rational 和惠普提供的一两款工具中。表 8.2 展示了如今所使用的工具类型，我们可以看到，敏捷和 ALM 工具不出所料地占据了主导地位，但是 IT 服务管理、项目和组合管理以及需求管理同样构成了工具网络的关键部分。尽管与客户关系管理（CRM）以及安全工具依然较少完全打通，但一些组织已经将它们视为软件价值流的一部分。

另一个关键发现是与流动项相对应的工件在工具中的分布。虽然工具的选择大不相同，但不同工具的工件却有不少共性。例如，“缺陷”是最常用的工件，其次是“需求”和“用户故事”。这个关键发现表明，我们研究的24种工件类型，每一种都贯穿了众多工具。从这些工件中，我们提取出了更通用的流动项。

表 8.2　使用的工具类型

工具类型	报告的工具使用情况
敏捷规划	194
应用程序生命周期管理	259
变更或工作流管理	9
内容管理	9
企业建模	1
问题追踪	8
信息技术服务管理	133
项目组合管理	77
需求管理	79
销售	1
安全	2
测试管理	28

在 308 个组织中，1.3% 的组织只用一款工具，而 69.3% 的组织的工件要流经 3 个以上的工具。最令人惊讶的发现是，超过 42% 的组织拥有 4 个或以上的工具，由此可见企业工具网络的专用化程度。在这些组织中，异构的敏捷和开发工具网络是一种常态。尽管用于支持

价值流的工具集是高度专用化且多样化的，但支撑价值流的工件却是一致且通用的。

异构工具何以被广泛接受

对 308 个工具网络的研究表明，随着软件交付中各种专一化职能得到更好的定义，我们将看到持续不断的工具专用化浪潮和展开期式的“狂热”，而非工具的合并。例如，需求管理领域曾经引入过聚焦于规模专用化的工具——一些厂商为较小的系统打造轻量级需求管理工具，而为更复杂的系统打造重量级的层级化、版本化的需求管理工具。然而，手机应用等纯软件系统、医疗设备等安全关键系统、银行软件等高度受监管的系统以及飞机等软硬件混合系统，需求管理实践各不相同。

通过转折点，厂商提供日益专用化工具的行业趋势日趋明显，与我们在前一时代所看到的制造工具的专用化相似。在展开期，还有更多的专用化。例如，卡洛塔·佩雷斯的模型预测，新技术革命特有的法规会在展开期开始时出现[4]。我们已经看到了新法规的出现，比如《欧盟数据保护通用条例》（简称 GDPR），我们看到信息安全等支持这一法规的关键领域增加了投资[5]。这可能会催生进一步专用化的工具来管理软件价值流中的风险和法规。此外，随着主流软件驱动型组织对产品导向管理的需求加剧，将涌现出另一种工具来支持它。

308 个工具网络研究的另一个关键发现是，旧工具充当组织价值流的关键部分，这样的状态还会维持多久。虽然迁移源码管理和持续交付工具相对容易，但敏捷和问题跟踪工具与组织的流程紧密绑定，迁移实在是太难了。这意味着工具在项目或产品期间往往会一直沿用。IBM Rational DOORS（动态面向对象需求系统），是我们的数据集中最古老的工具之一，创建于 20 世纪 80 年代。今天许多飞机、汽车和其他高度复杂的设备仍然在用 DOORS 跟踪硬件和软件需求。你可能还记得第 2 章中的 1998 年波音梦幻客机的故事，飞机的软件需求需要维护大约 60 年。这就意味着像 DOORS 这样的工具很可能比目前这一代 IT 专业人员更长寿。

使用不同供应商和开源项目工具，是整个行业通用的实践，还是我们所研究的这些财富全球 500 强组织所特有的？我们已经遇到了值得注意的两个例外：一类是初创企业和小型组织，它们没有上面讨论的那种规模，所以用的工具更少；另一类是科技巨头，他们已经建立了自己的工具网络。例如，谷歌的价值流工件保存在一款内部工具中，该工具使用的基础设施与其网站服务相同[6]。微软同样也专门为自己的产品和价值流创建了内部工具网络，但与其他科技巨头不同的是，微软将其工具网络的很大一部分以 VSTS （Visual Studio Team Service）、TFS （Team Foundation Server）和附加工具等形式向其客户销售。问题是，微软能够在这个工具网络上将其所有高度复杂并且成功的产品交付进行标准化，但客户不能。例如，79% 的 TFS 客户还使用了另一同类工具，如 Atlassian Jira。[7] 因为 VSTS 是从微软开发平台发展而来的，但正如本章前面所述，其他平台的普及催生了来自其他厂商的工具。

科技巨头对其内部软件交付平台的投资巨大。内部工具网络将软件交付的价值流直接连接到业务，这样做为组织提供了巨大的差异化竞争优势。在第Ⅲ部分的开头，我提到的那3500名致力于微软开发工具的开发人员，每年的成本应该在5亿美元左右。其他科技巨头多半如是。虽然其中的一小部分工具，会开放成为其他组织能使用的工具和开源项目，但总体来看，这给那些想与科技巨头竞争的组织制造了障碍。其他那些规模更大的组织，已经发现很难与科技巨头争抢业务应用构建人才，只好争先恐后地采纳专用工具厂商所提供的产品和方案进行工具网络的拼装。

虽然这样的工具爆发已经帮助创造了一个异常活跃的市场，但如果没有一个基础设施层将这些工具连接起来，产生的结果充其量只是科技巨头已实现的软件交付成效的零头。尝试创建自研工具和集成风险高且容易失败，因为创建这些工具需要相关的成本和时间，其后这些工具还会与通常优先考虑的业务应用争夺组织中的预算和人才。

那么，初创企业和小型组织有何体验呢？虽然这方面的权威数据很难找到，但根据我与初创企业合作的亲身经历，当软件交付人员少于100人时，这个问题明显要容易得多。由于各个维度的规模（表8.1）小得多，员工和流程的数量也少得多，初创企业使用只有一个中心化工具的简化工具网络就能够支撑其大部分增长。这也使得软件交付与一系列简单得多的业务管理系统更容易打通。反过来，这又让初创企业能够以理想的速度进行创新，从而利用高度聚焦的数字产品来颠覆现有企业。但是，一旦这些初创公司扩大规模并成为上市公司，异质性就会回归。为了实现佩雷斯模型所预测的展开期黄金时代，我们需要一种创新基础设施，使现有的以及新的企业获得足以匹敌科技巨头的软件交付能力。

小结

软件交付工具的专用化和我们在以往发展浪潮中看到的专用化一样，是软件时代所固有的。随着新的生产方式变得成熟，角色的专职化变得越来越清晰，为专职人员提供称手的工具，这一诉求也显得愈加明确。

历史向我们展示了处理专精化的正确方式和错误方式。比如，在医疗系统的流程中，与我们互动的医生和医疗专业人员数量陡增。如果是在三个世纪之前，那就只是一个只有一个医生的简单流程。然而，十七世纪英国的人均预期寿命只有大约三十五岁，而在工业革命时代，这个数字开始急剧上升[8]。现代医学使一些国家的人均预期寿命超过了 80 岁，因为越来越理解人体的复杂性了。人类掌握这种复杂性的唯一方法，就是角色和学科的彻底专精化。美国医学院协会列出了 120 多个专业和子专业，每一个都拥有自己的系统和工具[9]。虽然这种专精化带来了越来越大的进步，但由此而来的知识流动的片断化正在成为限制医疗实践有效性的瓶颈。

在《赋能：打造应对不确定性的敏捷团队》一书中，斯坦利·麦克里斯特尔将军指出，医学学科专职化的问题在于，它导致不同团队之间和不同专科医疗从业者之间的“断层线”[10]。如果缺乏可靠和自动化的方式使患者的诊疗历史信息连贯流动，会出医疗事故。2016 年发表在《约翰·霍普斯金医学》上的一项研究发现，美国每年有超过 25 万人死于医疗事故，在美国，医疗事故成为第三大死因[11]。

专精化使我们能够处理不断增长的复杂性，但其好处只有在其造成的孤岛能够有效连接的情况下才能充分体现。其中一些筒仓依赖于人类的协作和互动，这也是麦克里斯托将军这部著作的主题。但其他筒仓则需要一种基础设施来整合，让人和团队有机会协作，交流日常工作中加工过的高度复杂的知识。

接下来，我们再次转向大规模生产时代，寻求指导和启发。宝马集团莱比锡工厂以 12 000 家供应商的规模证明了它的复杂性和异质性，这些供应商提供的软硬件构成了该工厂的工具链[12]。然而，每一个流都经过精心的自动化、优化和可视化，以处理与特定生产线相关的复杂性。如果驱动组织成功的软件要面对类似的甚至更大规模的复杂性，我们怎样才能打通价值流并让我们的组织步入正轨——就像宝马集团在上一个转折点学会并掌握大规模汽车生产那样？

第9章

价值流管理

在第7章和第8章，我们了解到企业的IT工具网络从根本上来说是异构的，并且随着展开期软件交付角色的日益专业化，工具的复杂性将继续存在。我们针对308个工具网络的研究，揭示了哪些流动项流经了这些不同的工具。现在的问题是我们如何连通所有这些工具和工件，实现我在宝马集团生产线上看到的流动和反馈。

既然宝马集团在供应商多元化程度更高的情况下已经解决了这个问题，那么我们自己的软件价值流也应该可以"抄作业"。我们应该能够像宝马集团一样看清业务价值流中的瓶颈，管理汽车生产流中的瓶颈。但我们怎么做呢？我们能简单地模仿大规模生产时代学到的东西，来创建自己的软件生产线吗？正如我们将在本章中了解到的，答案是否定的。相比之下，软件有根本上的不同，试图直接套用某种实物生产模型是错误的。我曾多次将制造业过度类比到软件，但这些尝试都以失败告终，这是我产生第三次顿悟的根源。

在本章中，我们将讲述在软件价值流中找出瓶颈意味着什么。我们将讨论基于大规模生产来对软件交付进行建模有哪些陷阱，并证明我们必须将软件价值流建模成一个价值流网络。然后，我们将讨论组织从项目制过渡到产品制需要哪三个层次，从工具网络开始，然后是工件，最后是价值流网络。本章将以连通价值流网络和业务成果所需要的三个模型结束：集成模型、活动模型和产品模型。

到目前为止，我们讨论的重点聚焦于为什么必须从项目思维转向产品思维以及由此产生的管理框架是什么样子，本书最后一章将深入探讨实现这一转变所需要的基础设施，包括价值流网络这个新概念的一些技术细节以及如何创建和管理它们。

宝马之旅 瓶颈处的茶歇时间

离开生产线大楼，我们回到了中央主楼，走过摆放着桌子和双显示器的区域，我们走向之前进来后经过的那个非常大的自助餐厅。我的双脚开始感到酸痛，我下意识地点了一下手表上的播报功能，显示当天我们已经沿着这条路走了将近十公里。

“看那儿，”弗兰克指着上面说。“具体说来，我们不得不在这里批量处理那些离开瓶颈的汽车。你看，这是这座工厂唯一的一处，我们不得不先在这里打乱按订单顺序排列的汽车，随后再重新按照订单顺序排列回去。你能猜到瓶颈在哪里吗？”

我猜不出来。当时是太平洋时间的早晨，我开始给吉恩·金发短信，告诉他工厂瓶颈之谜。在这一刻，我觉得自己也是凤凰项目的一部分，有趣的是，吉恩和我都无法基于弗兰克有意提供的有限信息给出答案。

“瓶颈在涂装车间。油漆的固化需要时间，虽然我们可以通过对车身施加 70 000 伏的高压来加速这一过程，但仍然需要时间。喷涂机器人切换油漆颜色也需要时间。由于目前不可能在 70 秒的生产节拍内完成所有这些工作，所以我们需要从按订单顺序的排列中将汽车取出，将其按颜色顺序进行分类，以便进行喷漆。这样可以最大限度地缩短换模时间。但这也意味着这些车辆需要打乱顺序，在经过自助餐厅时进行批量处理，然后再按订单顺序重新排序。这是生产线上唯一需要我们对汽车进行批量处理和库存的地方。并且，我们让所有员工都能够看到分类和重新分类的过程，就在自助餐厅的正上方。”

这解释了自助餐厅上方为什么有四条独立的汽车传送带在移动：两条通向批量处理仓库，两条返回。毫无疑问，宝马集团已经达到了让生产工作可见的新的高度。我所能想到的是，我们怎样才能在 IT 部门做同样的事情？我一直试图把这两个概念联系起来，但雷内的声音把我打断了。“弗兰克，”雷内说。“我们现在可以进行最后一项活动了吗？”

弗兰克没有回答，而是发了一条短信。我们喝完了咖啡。

“是的，”弗兰克说。“车都准备好了。”

过了一会儿，我才意识到他们在说什么。我完全忘记了雷内在我参观工厂时开玩笑说的试驾。我们穿过工厂往回走，走出 BMW i 系大楼附近的一扇门。外面停着四辆全新的宝马，一辆 BMW M2、一辆 BMW 5 系、一辆 BMW i3 和一辆 BMW i8，旁边站着两个人。

“你需要有副驾，”弗兰克说。“雷内和我可以充当两名副驾，我们这两位同事是负责最终集成测试的工程师，他们也会加入我们。”

“选一辆车吧，”雷内笑着说。

我打开 BMW i8 完美平衡的蝶形车门，亲自体验宝马集团带来的至臻商业成果。

寻找瓶颈：第三次顿悟

离开宝马莱比锡工厂之后的几周，我开始痴迷于如何把我的见闻应用于软件交付。流动和可见性这两个关键概念似乎可以直接照搬。然而，在尝试建立生产风格的软件交付流动模型时，我总是卡壳。持续集成和持续交付部分很容易映射到制造，因为它们涉及一系列自动化步骤。在这个部分很容易检测出“瓶颈”的测试。哪里缺少测试自动化、构建自动化或发布自动化，哪里马上就会成为瓶颈。

然而，负责设计、编码以及发布特性的团队，他们的动态性却让我感到困惑。在我带过的已经实现部署自动化的软件团队中，我从未经历过制造业生产线上出现的瓶颈。我经历过很多关于流动的问题，比如 UX 团队导致多个开发团队没法进行下一步，客服人员导致团队得不到客户场景信息，API 未添加而导致诸多下游团队没法进行下一步。

然而，不像制造业生产线的瓶颈那样导致生产停滞不前，上述这些问题阻止不了软件的发布。平面设计师人手不够的话，可能推动团队从其他团队获得帮助，因为那个团队里有开发人员会用 Photoshop。客户环境瓶颈促使测试环境团队创建新的自动化来模拟客户数据。API 依赖会导致团队创建自己的 API，并在需要解决该技术债务时将它们贡献给上游组件。换句话说，每当瓶颈出现时，都会围绕着约束重新安排工作路线，而不是停止生产。这些团队会想出改变路线的办法，创造性地处理施加在他们身上的约束。由于约束，生产力可能会降低，但每一次，团队都能够重新安排工作以确保流动。

就在我纠结于这个问题的时候，Tasktop 的产品管理副总裁妮可 • 布莱恩和罗伯 • 艾维斯（Tasktop 的联合创始人之一）正在研究一个看似不相关的问题——一个可视化的问题，即我们所有的内部交付工件是如何流经我们的价值流的。在给他们的工作提供反馈时，我一直在推销生产制造中类似生产线或价值流映射图的隐喻。在费力尝试去实现这样的视图之后，妮可确信我们是在追逐一个错误的隐喻。她和罗布在我们自己以及我们客户的价值流中看到的不是线性的制造过程。从数据中看到的结构更类似于航空网络，而不是生产线，如图 9.1 所示。

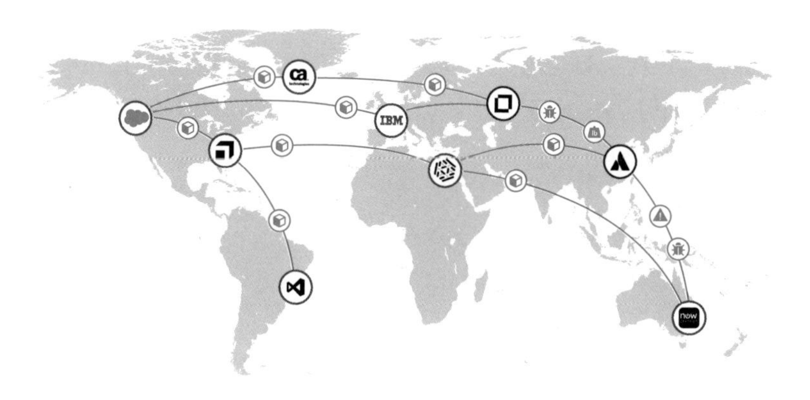

（版权所有 Tasktop Technologies, Inc. 2017-2018。保留所有权利）

图 9.1　更像是航空网络

就这样，拼图的最后一块，也是第三次顿悟，由妮可传递给了我，她在此前花了大量时间来审视我们研究过的 308 个工具网络的客观事实。

正如罗布所指出的，这种顿悟与雷纳特森之前提出的将计算机网络原理应用于产品开发的观点类似，这有些讽刺[1]。整个问题是不是源于 DevOps 社区（包括我自己在内）过度聚焦于应用精益制造的经验，以至于忽略了精益产品开发？也许吧。然而，这里也存在一些本质上不同的东西，因为在软件交付中，产品开发和制造过程是一体的。这是将软件交付过程简化为一条生产线虽然极有吸引力却是错误的原因。

在线性的、基于批处理的流中识别流动约束的过程，与优化网络流有很大的不同。在网络管理中，瓶颈只不过是你想要绕路躲开的约束。流动不需要像线性过程那样停止。例如，如果恶劣天气突袭欧洲大陆的某个地区的话，空中交通管理系统就会调整飞机的航线，好让乘客可以到达目的地，尽管可能会有一些延误。这与我所看到的与交付团队的合作非常类似，他们在遇到瓶颈时会采用创造性的解决方案来改变路线。这种近乎实时的路线改变和重组是一条生产线无法企及的。

> 顿悟 3：软件价值流不是线性的制造流程，而是复杂的协作网络，必须与产品对齐。

错误心智模型的陷阱

对于复杂的问题，工程师和技术人员的解决之道是化繁为简。但让我们考虑一下过去尝试改进大规模软件交付时犯的错。瀑布开发在理论上看起来很棒，因为它将软件交付中连接所有干系人的复杂性给线性化了，但在实践中，它却失败了，正如汤米·莫瑟和加里·格鲁弗在《引领变革：大规模敏捷和 DevOps 应用原则》一书[2]中阐述的那样。敏捷开发起到了拯救的作用，但过于简化交付视角，将上下游干系人排斥在外，例如业务分析师和运维人员。DevOps 通过拥抱运维、自动化以及部署过程的可重复性来解决这个问题。但由于组织过度关注线性过程，而不是端到端的流动与反馈，DevOps 观点过于狭隘和过于线性，所以也免不了重蹈覆辙的命运。

以自动化、可重复方式来解决频繁发布的能力，可以成为DevOps转型的一个好的起点，但这只是优化产品端到端价值流的一小步。约束理论告诉我们，价值流局部投资不会产生好的结果，除非这个部分就是瓶颈[3]。但怎么知道它就是瓶颈呢？更重要的是，如果我们是在非线性过程中寻找线性的瓶颈呢？例如，在线性瓶颈中，单个依赖关系可能就会成为一种约束。但在网络中，可能存在一条能够绕过依赖的路径，可以观察到软件团队一直在采用这些替代路径（例如，自己写代码来实现上游团队没有的某个API）。

软件开发包含一系列与制造相似的过程。孤立来看，每一个都可以被认为是批处理流，自动化和可重复性决定了成败。例如，在20世纪70年代，我们通过例如GNU的编译器和系统掌握了软件编译，为超大型代码仓库的构建提供了批处理式的可重复性。在随后十年，代码生成成为我们现在构建移动用户界面时理所当然的自动化阶段。今天，我们正在掌握代码的部署、发布和性能管理，使频繁发布成为一个可靠且安全的过程。然而，上述每一个都只是端到端软件价值流的组成部分，类似于一辆汽车的成形、焊接和组装等不同的机器人（自动化）阶段。但对于软件，这些不同的阶段不会结合起来形成生产线这种简单的单向批处理流。

如果我们可以针对大型IT组织中的工作流进行虚拟MRI（核磁共振成像），类似于从上方查看宝马集团工厂的移动X光片，我们会看到什么样的底层结构？我在自己的组织已经这样做了，可视化的结果看起来一点都不像生产线。但它们确实与《飞行》杂志背面的航空网络地图有着惊人的相似之处。如果想象一下飞机随时间流动的画面，你就会明白，它会不断适应由恶劣天气和机组人员延误所造成的路线变化或瓶颈。

如果我们尝试将一个 IT 组织映射为一个空中交通网络，那么会有哪些节点或路线呢？我们如何在项目、产品和团队之间映射那些特性和修复的流动？我们将在本章回答这些问题。我们从 308 个工具网络中获得的所有信息表明，这种基于网络的模型，比线性制造流程更能代表软件开发。为了识别瓶颈并优化软件交付，我们必须首先学习如何创建并管理这个网络。

更像是飞行航线而不是汽车制造

从本质上讲，端到端的软件生命周期是一个向最终用户交付价值的业务流程。当我们对流动的认识从生产线转变为网络时，虽然通过小批量和单件流来最小化在制品等许多精益理念仍然重要，然而，为了避免过度使用制造来进行类比——或者更糟的，沿着错误的心智模式继续下去——我们必须更清楚地定义管理软件开发迭代和基于网络的价值流与管理制造业的线性价值流之间的重大差异。

- 可变性：生产制造的可变性在生产线末端出现，所以需要有一系列固定的、定义良好的变化形式，然而，软件特性的设计是开放式的。制造业需要尽量减少可变性；而软件开发需要拥抱可变性。
- 可重复性：制造需要最大化相同零部件的吞吐量；软件则是要最大化不断重塑这些部件的迭代和反馈循环。我们在软件交付的每个阶段都需要可重复性，例如可靠的自动化部署，但每个端到端的过程都需要针对流动、反馈和持续学习进行优化，而不仅仅是可重复性。

- **设计频率**：在长达数年的项目制周期中，制造汽车这样的产品，是设计先行的。设计上的变化很少，需要改变的是生产线本身。通过软件，转为产品导向的特性提升了设计频率，以匹配流动项通过价值流的速率。设计发生在生产系统的内部，而不是外部。
- **创造力**：制造过程旨在实现可行的最高自动化水平，这是通过从生产过程中移除任何创造性和不确定性的工作来实现的。相反，软件交付则侧重于在每个步骤实现创造性和协作，使用自动化来支持创造性。

梅特卡夫定律告诉我们，一个网络的价值随着其连通性而增长。[4] 如果我们的价值流网络连通性不足，那么优化任何特定的阶段有意义吗？例如，假设运维人员与使用 IT 服务管理工具（例如 ServiceNow）的服务台工作人员之间并没有正式的反馈回路；开发人员在敏捷工具中编码，比如 Jira；项目经理在项目管理工具（如 CA PPM）中工作。在这种情况下，投入几百万来做持续交付，会产生任何可量化的业务效益吗？为了回答这些问题，我们需要能够度量和可视化价值流网络。

莱比锡工厂的瓶颈是涂装车间。需要根据客户需要的颜色对汽车进行分类，将它们分批放入临时库存，并按照准时制（just-in-time）的顺序对它们进行重新排序，工厂餐厅上方上演着一场不可思议的机械芭蕾，这是对价值流可视化的终极致敬。走出莱比锡工厂的那一刻，宝马集团所达成的独创性、创新性和管理复杂性改变了我的观点。我们是时候为软件构建方式的规模化奠定基础和新模型了，这将让我们达到至臻完美的最高境界。只要我们继续将软件交付视为线性制造过程，就只能停留在飞行时代之前。

价值流网络

在流框架中，我们确定了创建价值流网络的三个抽象层（图 9.2）。这些层的目标是将工具层的实现细节，连接到价值流度量所提供的更为抽象并且面向业务价值的视角。

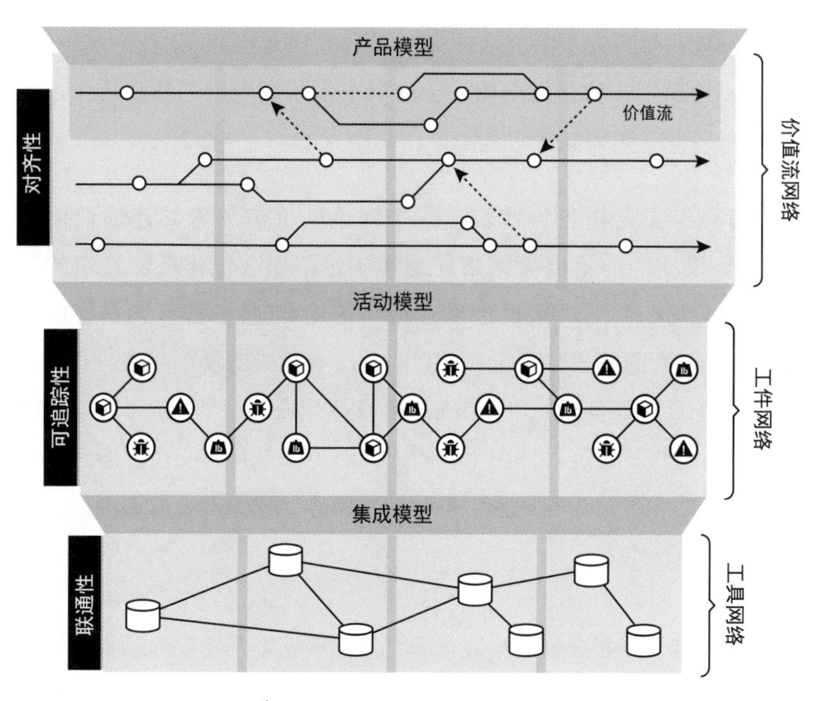

（版权所有 Tasktop Technologies, Inc. 2017-2018。保留所有权利）

图 9.2　价值流网络

流框架的最底层是工具网络，其中的节点是工具，它们之间的连接是跨工具的集成。工具网络由集成模型定义。一旦该模型确定下来，开发人员和其他人创建的各种工件和工作项就在工具网络中被实例化了。通过跨工具的视图，这些就形成了工件网络。工件网络中的节点是例如“工单”和“缺陷”等工件，这些节点通过工件之间的关系连接在一起。从工件网络中，我们可以创建价值流网络，并使用活动模型将详细的工件映射为产生流动指标所需要的更为通用的流动项和流动状态。最后还需要有产品模型，它将价值流网络中的价值流对齐到我们想要衡量的产品导向的业务结果。

这三个网络中，每一个都为软件交付提供了不同层面的洞察。例如，工具网络的度量可以确定哪些工具是最常用的，以及整个组织的使用情况。工件网络可以用来系统地度量每个团队从代码提交到代码部署的周期时间。将这两层网络连接起来，就能改进这类跨工具的指标。然而，流框架的重点是让第三层价值流网络能够为软件交付提供业务层面的洞见。接下来的各节详细介绍了创建、连接和管理这些网络所需要的核心概念。这样做的最终目标是实现以产品为导向的价值流管理，Forrester 的首席分析师克里斯托弗·康多（Christopher Condo）和迪亚哥·洛·裘迪斯（Diego Lo Giudice）如下定义：

> “为了对流过异构的企业软件交付流水线的业务价值（包括史诗、故事、工作项）进行映射、优化、可视化和治理，价值流管理工具将所需的人员、流程和技术集中在一起，是 VSM 实践的技术基础[5]。”

连通工具网络

已经在管理或采购了足以支持价值流的那些工具的人员，可以很快熟悉工具网络（图 9.3）。这只是托管和内部部署工具的集合，包含支持四类流动项的工件。一旦有多个工具，唯一方法就只能连接流动项所跨越的相应工具。

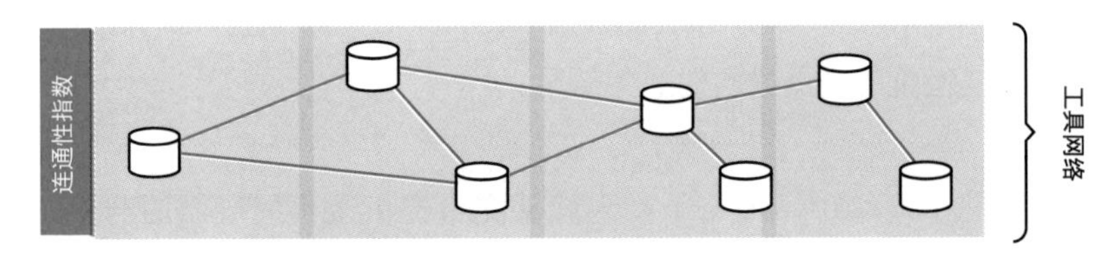

（版权所有 Tasktop Technologies, Inc. 2017–2018。保留所有权利）

图 9.3　工具网络

连通性指数用于度量工具网络，连通性指数是这些工具中已集成的工具和工件容器与未集成的工具和工件容器的比率。例如，如果五个工具中只连通了两个，并且在这些工具中只有一部分的项目或产品领域集成，则连通指性数将较低。连通性指数是量化流动指标置信度的关键指标。如果服务台工具之间没有连通，那么这个指数将低于100%。这就意味着，对于来源于客户支持案例的流动项，流动时间指标不可能准确，因为这部分价值流并没有被获取。

连通性指数：工具网络中已连通和未连通的存储库的比率。

对于企业 IT 组织而言，如果依赖于多种工具，无论是厂商提供的、内部开发的还是开源的，价值流网络中工具网络层的脱节都会阻碍必要的流动和反馈。只要像 Jira 这样的开发工具还未连接到像 ServiceNow 这样的服务台工具，这两个孤岛之间相应的流动和反馈的缺乏就会形成信息瓶颈。这就是连通性指数发挥作用的地方，因为它衡量的是信息在价值流中端到端的流动程度。

用集成模型连接工具网络

当工具网络中存在多个工具时，必须对这些工具进行集成才能支持流动。集成的目的是将正在处理的工件连接到流框架所度量的指标。要将业务指标与软件交付的客观事实关联起来，就需要这个关键但又经常缺失的环节。虽然从工具网络中的存储库获取原始数据通常很容易，但如果没有连接跨工具的工件网络的集成模型，就不可能产生精确的、跨工具关联的、有意义的业务级报告。

集成模型定义了各个工具之间流经价值流的工作项和相关工件，并允许它们映射到四类流动项。每一个工件都存储在工具网络中的某个工具中。当试图直接从工具存储库生成报告时，工件的类型、数据结构和工作流状态的数量多以及可变性，妨碍了获得有意义的报告与可见性。

在我们对 308 个组织的研究中，有一个工件支持超过 200 个工作流状态。虽然这种详细程度和复杂性对单独的专业人员和团队而言很重要，但对衡量业务价值而言，太精细。例如，内部 BI（商业智能）团队可能需要准备大量的映射和逻辑，才能提取与业务相关的工作流状态，而这些与业务相关的工作流状态只有在团队切换其方法论并改变其工作流模型时才会改变。

这就是集成模型的由来（图 9.4）。它提供了一个抽象和隔离层，将详细的工件类型映射到流动项及其关联状态。集成模型可以方便地跨任意数量的工具提供流动度量报告。

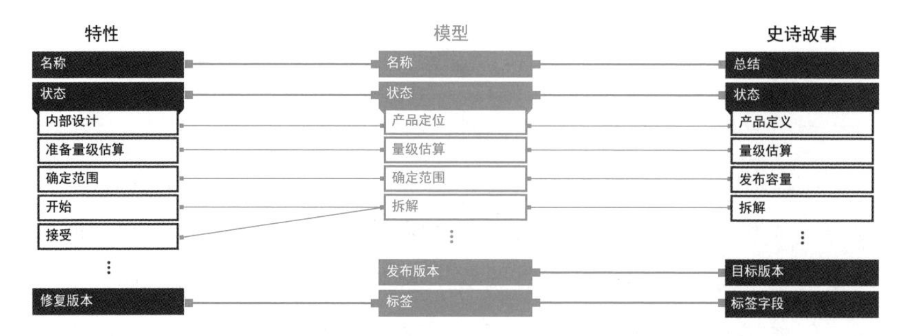

（版权所有 Tasktop Technologies, Inc. 2017-2018。保留所有权利）

图 9.4　集成模型字段映射

除了支持业务级反馈，当涉及多个工具时，集成模型也是实现流动的关键。不同的工具专门用于交付流水线的不同阶段。在下述场景中，像用户故事这样的工作项工件将跨越一个或多个工具。用户故事可以起源于业务伙伴使用的（创意）构思工具，然后成为敏捷计划工具中的用户故事，接着在以开发人员为中心的团队工具中实现，随后由发布自动化工具部署，之后在支持工作台工具中提交与之相关的工单。在这种情况下，与用户故事相关的工件将在五个不同的工具中创建，但在更抽象的集成模型中，只对应一个单一的工件。

对于大型的组织而言，通过集成模型来连通工具网络，本身就可以得到显著的效果。例如，当一家企业保险公司将开发人员使用的工具与质量管理工具关联起来时，他们发现同一季度，相关雇员的员工敬业度调查提升了 22%。[6] 这一改善归功于重复数据录入减少了，以及因（工具间的）脱节所引起的其他相关形式的摩擦。

最后，集成模型提供了这些工件类型及其对应流动项之间的映射。这样做的话，还提供了工件潜在的工作流状态和四种流状态之间的映射。图 9.5 描述了 Tasktop 使用的集成模型简化版。

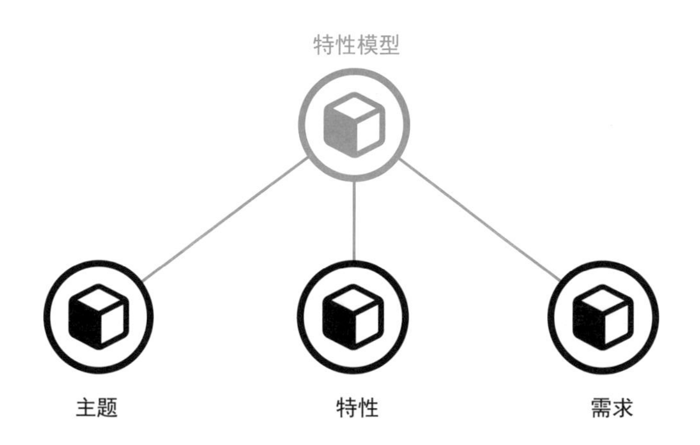

（版权所有 Tasktop Technologies, Inc. 2017–2018。保留所有权利）

图 9.5　集成模型工件映射

根据工具网络和组织的复杂性，连接工具网络可能是一项复杂的活动。例如，从研究的 308 个工具网络中，我们观察到，一些组织中，一个缺陷流动项，会对应于几十种不同的独立演化的工件类型。理想情况下，这种偶然复杂性会被合理化为一组通用的工件类型，但在转型方案的时间期限内，这并不一定总是可行的。集成模型通过从这种复杂性中隔离出流动指标来解决问题。随着时间的推移，工具工件模式中的任何偶然复杂性都可以简化，以减少工具模型和集成模型之间的映射数量。

集成模型能够为管理工具基础设施的 IT 团队带来极大的好处。哈佛商学院的卡莱斯·鲍德温与同事们的工作表明，软件模块化通过增加可选性来提供商业价值。[7] 集成模型的关键目标是增加工具网络的模块化，为此，它允许不同的工具可插拔地接入价值流中，同时某个产品价值流的专用工具也能更容易地接入。如果需要部署一个新的安全分析工具，那么该工具只需要映射到集成模型中，而不需要映射到工具网络中的所有其他工具和产品领域中。通过集成模型提供的工具网络模块化，上线工具、下线工具以及支持重组变得更为容易。

创建工件网络

集成模型定义的是业务价值在价值流网络中流动的路径。从软件架构的角度来看，它类似于工件类型的层级结构。流经集成模型的相应工作项实例形成了工件网络。例如，如果一个组织有一百个价值流，意味着单个集成模型可能被实例化一百次，成为一百个不同的工件流。在工件网络中，必须确保团队所做的所有工作都是可见的。

为了确保端到端的可见性，工件网络必须保证每个工件与其相关的其他所有工件都要连通起来。如果一个新的团队开始工作，但使用的是没有连通到集成模型的方法，那么，即使有一组工件出现在工件网络中，也不会被映射到四类流动项。也就是说，这些工件在工件网络中是可见的，但不会连接到流动指标。

这些工件“孤岛”不仅对业务而言是黑盒子，还阻碍了价值流的可见性。为了解决这个问题、需要可追溯性指数，可追溯性指数是跟踪工件网络中已连接与未连接工件的指标。较低的可追溯性指数是因为工作中未连接的部分没有被流动指标所跟踪，因此，对相应的干系人而言是不可见的。可追溯性指数越高，流框架向业务所提供的输入信息就越可靠。如果完全从业务层面来看，可追溯性指数的目标就应该是 100%。

可追溯性指数：衡量与工件类型相关工件的连接广度和深度。

由于可追溯性指数以工具网络的工件与集成模型之间的映射关系为基础，所以它也指征了价值流网络中可追溯性的自动化程度。如果需求、相应的代码变更和测试用例之间没有自动化的可追溯性，那么产生的非连接工件将导致较低的可追溯性指数。为了支持治理、监管和合规，可追溯性的自动化须纳入价值流网络，可追溯性指数反映了自动化的程度。

第 2 章中波音 787 制动软件的故事说明了可追溯性的自动化对于大规模软件的演化和维护是多么重要。对于大多数组织而言，“版本化一切”的要求众所周知，因为缺少版本控制的源文件是无法正确管理的。价值流网络建立在这一概念的基础之上，并将其扩展为“连接一切”流经价值流的东西。例如，在 Tasktop，我们可以自动跟踪每一个工件，从最初的客户请求（源自 Salesforce），到构建特性所涉及的诸多工具，再到提供相应特性的发布版本。交付价值的报告或审计变成了对工件网络的简单查询。

最后，为了对那些定义流动项的工件在工作时经过的各个阶段进行分类，工件网络采用了一个活动模型。活动模型识别价值流中开展的每个特定活动，并将这些活动映射到由集成模型定义的具体工作流状态。此外，它将这些活动映射到四个流状态，从而能够以一致的方式跨所有工件来衡量流动。

这些阶段本来就以组织的软件交付和业务流程为基础。监管较严的组织可能需要有额外的控制，可能要有额外相关的阶段，而汽车厂商可能额外有电控单元集成相关的阶段。一旦确定并映射了这些阶段，就可以准确地看到每个工件在其生命周期中处于哪个阶段。图 9.6 显示了 Tasktop 内部工件和工作流状态的简化版本，它们构成了活动模型的基础。

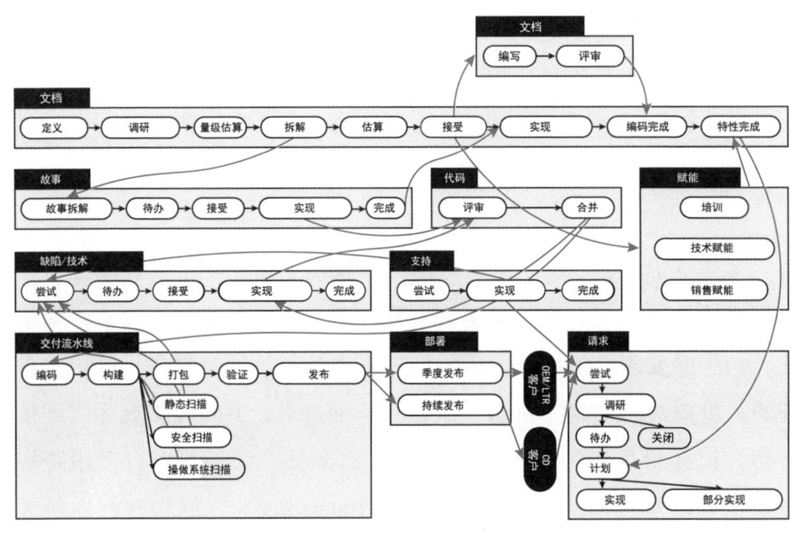

图 9.6　样例：对应到活动模型上的工件和工作流状态

将价值流网络与产品模型对齐

最顶层是价值流网络本身。下面两层为自动化的流动和反馈提供基础设施，支撑着整个价值流网络。这两层是连接团队和专业人员所需要的全部，同时消除了手动工作和报告，而业务干系人需要看的正是这第三层，它对工具和团队之间流动着的工作进行了对齐。这一层显示了每个价值流提供了多少业务价值，以及哪里可能有瓶颈和机会。

产品模型解决软件架构和业务级产品之间完全是脱节的。通过对308个工具网络的研究，证明，敏捷工具的结构与软件组件的层次结构实际上是一致的。这种结构通常是编程语言模块化机制或软件演化遗留结构的结果。

通过与软件架构师的讨论，我们进一步了解到，工具网络中的存储库和产品价值流之间缺乏一一对应的关系。技术专家倾向于围绕技术边界而非价值流边界来创建软件架构，所以直接导致软件交付涉及的三个关键结构之间缺乏一致性：组织和团队结构、软件架构和价值流架构。新的编程框架、模块化机制和特性团队这样的组织概念，有望改善一致性。产品模型所提供的作用是，在工具网络中，现有的工件容器结构可以映射到对齐于业务价值交付的产品导向的价值流，如图9.7所示。

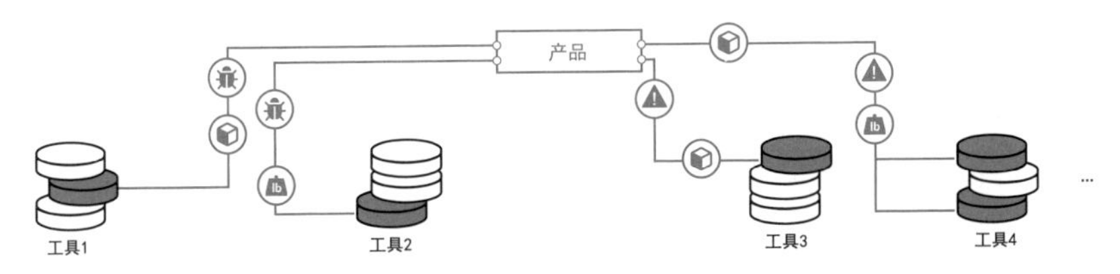

图9.7　产品模型

流框架的最后一个组件是定义产品模型映射完全程度的指数。例如，最初落地流框架时，产品模型可能只用到一个或者两个价值流，而余下的IT工作沿用之前的项目制管理。这些产品线获得了可见性和流动指标，但其他产品线没有。有了对齐性指数，就可以度量组织已经接入价值流中正在进行的工作。对齐性指数越高，业务结果的体现越清晰可见。

> 对齐性指数：连接到产品价值流的工件容器相对于工具网络中所有工件容器的比率。

让价值流可见

有了适当的价值流网络，第Ⅱ部分中总结的所有流动指标，就能够通过网络的工件流得到并与业务结果相关联，以推动产品投资决策。价值流网络还可用于优化价值流本身，提供端到端的可见性，这是新兴价值流管理科学的核心。

作为使用流框架来进行价值流优化的一个具体例子，下面要总结回顾企业价值流中的五个关键浪费来源，即多米尼卡·德格兰迪斯（Dominica DeGrandis）在她的《将工作可视化》一书中总结的“时间窃贼”。[8] 德格兰迪斯描述了影响个人、团队和组织的5种时间窃贼。正如看板这样的方法可以使工作在团队层面可见一样，价值流网络和相关的度量标准可以使工作在组织层面可见，并允许团队做出相应的反应和投入。

1. 在制品过多

正如唐纳德·赖纳特森指出的，限制在制品（WIP）对实现制造业中的流动至关重要。[9] 如果我们把太多的在制品放在价值流中，队列势必会加长，导致交付速率降低。流动负载度量的是每个价值流中在制品的数量。更重要的是，它让我们能够看到增加流动负载对流动速率和流动时间的影响，看到这些是如何影响到相关业务结果的。有经验的产品经理和项目经理往往都知道，在制品越多，速度越慢，但他们很难充分地推动业务侧。流框架通过暴露每个价值流的这些指标，来实现数据驱动的业务案例，让业务侧认识到降低流动负载能够加快流动速率。

不同的价值流对流动负载可能有着不同的容忍度。例如，一个成功的产品，如果架构未充分演进，开发人员总是需要创建新的架构组件来实现拉取的特性，那么可能就会有大量计划外的工作。这将降低价值流对流动负载的容忍度，相比之下，如果拥有成熟的体系结构，就可以承受更高的流动负载。价值流网络并不会对每个价值流的在制品限额做出一般性的假设，而是提供数据，随着时间的推移来确定和调整流动负载。

在 Tasktop，我们见证了这种影响，因为我们在 Hub 团队中加入了很多贯穿了整个架构的特性。虽然当时业务部门认为，所有这些巨大并且贯穿的特性至关重要，但是相比一次只处理一个贯穿特性的流动速率，在价值流中多团队并行处理多个贯穿特性，可以使当时一整年的流动速率更低。

2. 未知的依赖关系

软件交付中最难搞定的事情是团队、组件和产品之间的依赖关系。德格兰迪斯确定了三种依赖，分别是架构、专业知识和基于活动的依赖。[10] 这些依赖项全都可以在工件网络中显性地捕获。例如，如果一个产品团队定期请求另一个团队创建 API 特性，那么相应的工件关系将在工件网络中作为两个团队之间的架构依赖显性化。协作工具中的代码评审和类似的评审机制也在工件网络中显性化为专业知识依赖。使用这些信息，便可以对价值流之间的依赖关系进行建模，并寻找合适的机会来解决这些依赖关系。例如，如果面向客户的产品价值流依赖于一组通用的功能，那么就可以创建一个平台的价值流来专门支持这些通用功能。

Tasktop 早期，我们使用一家专业咨询公司来做用户体验（UX）设计。特性的流动速率不够快，无法满足我们设定的上市日期，因此我们只好不断雇更多开发人员来提高流动速率。然而，收益低于我们的预期。随后，我们检查了价值流网络，意识到瓶颈并不在于开发的产能，而是开发一直在等设计师做的线框图。但我们的开发不会无所事事，他们会自己创造用户体验。如果达不到产品团队和客户的期望，特性集合的演示版本就会返工，以提高用户体验的保真度和易用性。由于这些流动时间问题以及引发这些问题的返工，我们意识到解决方案并不是雇更多的开发人员，而是通过雇专业 UX 人员来进行设计。我们在核心平台和软件开发工具包组件中也看到了类似的瓶颈，这些组件没有足够的人员来支持大量依赖于它们的价值流。如果没有可视化价值流及其依赖关系的方法，人员、团队和价值流越多，反而越难确定依赖性问题的根源。

3. 计划外的工作

计划外的工作之所以被诟病，是因为增加了交付计划的不可预测性。虽然计划外工作的数量可能因组织和价值流而异，但价值流网络可以使所有工作都可见。由于特性和风险工作是由业务来参与规划的，所以往往会在价值流一开始就引入。相比之下，如果一款刚发布不久的产品，发生重大事故或支持工单的频率较高，可能就会直接导致开发团队的待办工作中加入对缺陷的处理，而且这些事故和工单需要在很短的流动时间内得到处理。这会立刻体现在该团队的流动分布中，以便相应地调整预期，同时使团队能够专注于确定计划外工作的原因，例如减少在初始发布过程中积累的技术债务或基础设施债务。

4. 相互冲突的优先级

流框架能够暴露出流动项层面的优先级冲突。例如，它迫使利益干系人明确决策应该对特性、缺陷、风险和债务分配多少工作量。此外，它使组织能够将高阶的业务优先级划分为产品边界，来实现基于业务目标和结果优先级排序。然而，一个价值流中的工作和优先级（例如，决定哪个特性优先发布）需要在 SAFe 或 Scrum 等流框架下一层的规划框架中制定。

5. 被忽视的工作

德格兰迪斯认为，技术债务和“僵尸项目”等是容易被忽视的工作浪费来源[11]。债务是流框架的“头等公民”，是为被忽视的工作分配时间的主要依据。此外，在定义产品模型时，对齐性指标会暴露出所有的僵尸项目。随着价值流网络将这些工件孤岛可视化出来，我们就可以明确且可见地制定方案，或者将其终结，或者将其作为新的价值流或纳入已有的价值流。

针对个人和团队如何在日常工作中使用看板和累积流图（CFD）等工具来发现和消除浪费，德格兰迪斯提供了指导[12]。流框架和完全连通的价值流网络有助于识别和消除整个组织的浪费来源。

小结

在本章中，我们定义了流框架中最后的组件，并展示了如何通过创建价值流网络将工具网络运用到极致，以此来创建软件时代科技巨头和初创公司那样端到端的价值流。集成模型提供了工具网络上的抽象层，允许我们连接越来越多的角色和工具，以支持跨专业和团队的自动化信息流。有了活动模型，我们可以将这些工件和交互映射到流动项和价值流的各个阶段。最后，产品模型将这些流程和活动与软件产品联系起来以度量流动指标，并将其与业务结果关联起来。尽管网络的下面两层可能非常复杂——例如，我们观察到许多网络中有数百万个工件流经工件网络——但价值流网络提供了更高级别以业务和客户为中心的交付视图。

价值流网络的作用是为大规模软件交付的创新提供基础设施。这样一来，我们就有了必要的整个管理框架，借此，组织可以从项目过渡到产品，获得业务级别的可见性，并开始优化软件交付。

第Ⅲ部分要点结论

宝马集团这样成熟且稳定的组织是如何快速并成功地将 BMW i3 和 BMW i8 电动车推向市场的呢？他们从特斯拉和其他没有汽油（车型）拖累的汽车厂商那里感受了巨大的威胁，一定不亚于现在的企业从软件时代原生组织那里感受到的威胁。相比概念车更短的上市时间，更令人印象深刻的是，宝马集团有能力扩大生产规模来迎接市场机遇。例如，在 2018 年中期，我在写这本书时，宝马集团宣布将莱比锡工厂电动车的交付量大幅扩大至每天 200 台[13]。随着市场条件的变化，宝马集团能够相应地调整其价值流投资。为什么大多数企业 IT 组织要花更长的时间来响应市场的变化呢？他们按理说并没有受到传统生产线的限制呀？

在第Ⅲ部分，我们揭示了答案。如果缺乏产品导向的价值流，没有衡量这些价值流的方式以及一个完全连通的价值流网络，业务与决定着软件时代取得成功的技术工作就不会直接的联系。创建价值流网络并不像听起来那么困难。如果和培训每个开发人员使用敏捷所消耗的组织能量相比，只能说它也只需要一小部分精力。但这确实需要业务部门做出不同程度的承诺，因为这一举措不能简单地抛给 IT 部门。

流框架要求业务领导和技术专家走到一起，针对一整套共享的指标达成共识，这些指标将形成管理数字业务的通用语言和成功标准。这需要将业务规划和管理系统与软件交付工具相集成，以建立一个统一的反馈回路。这要求组织启用能够创建和管理这种新基础设施的价值流架构师。这需要负责价值流的团队的权责来交付产品导向的业务结果。最重要的是，这要求预算和业务管理从项目制转向产品制。一旦建立，由此得到的价值流网络将提供可见性，使人们和越来越多的人工智能足以应对市场和定义转折点时期消费者行为的快速变化。

科技巨头已经明白了这一点，现在轮到你的组织这样做了。只要致力于将软件交付作为创造价值的软件产品组合来管理，就有望能够活过转折点，并在即将到来的展开期茁壮成长。沿用项目制、以成本为中心的心智模式，会随着经济的其他部分过渡到软件时代而进一步被边缘化。

结语：超越转折点

时隔两年，我再一次搭乘波音 787 梦幻客机，结束伦敦 2018 年度 DevOps 企业峰会，启程返回温哥华。这次不同于两年前结束 LargeBank 会议后返程。彼时，我想的是老牌组织对未来的瞎摸乱撞导致数十亿美元被打了水漂；而此时，我在反思新的希望之光。

企业 DevOps 社区由吉恩·金联合发起，并由《凤凰项目》催化，这本书向无数 IT 组织“吹响”了变革已来的“号角”。虽然社区对这个问题的认识不断在提高，但与此同时，问题的紧迫性也在提升。通用电气从道琼斯工业平均指数中被摘牌[1]。截至 2017 年，1955 年以来《财富》全球 500 强中只有不到 12% 的企业还留在榜单上。[2] 按照目前的流失率，标准普尔 500 指数中有一半的企业将在未来十年内被新的企业取代[3]。我认为，虽然已经进入软件时代的第五个十年，但仍然没有走过这个转折点。会议期间，与卡洛塔·佩雷斯的另一次对话为我的假设提供了进一步的印证。用佩雷斯的话说：“我们还活在上世纪 30 年代。[4]”

对于我们的组织，未来的二十年会怎样？哪些公司会在数字化变革的颠覆性混乱中灭绝，哪些又会成功？如何指导我们的组织在软件时代生存和发展？在我对软件时代如何演变的理解中，最重要的认知重塑来自那些具有跨时代观点的人。佩雷斯 1939 年出生于委内瑞拉，在美国接受教育。她见证了一段展开期及其随下一场革命而来的衰落和更替，这也塑造了她的技术革命理论。在产品开发领域，唐纳德·雷纳特森提供了一套从大规模生产中学来的概念，这些概念可以应用于软件时代，并启发了部分的流动指标。最后，雷内（Rene）向我亲自展示了大规模生产时代的成熟展开期和软件时代导入期之间的鸿沟，促使我将流框架聚焦于业务结果上。

这些历史观点为我们未来十年的路线图提供了里程碑。2016 年，在百年庆典之际，宝马集团展示了一家公司如何通过投资于软件交付来让自己在从导入期过渡到转折点的过程中实现繁荣。我们要让自己的组织也能够如此活过转折点。

我也亲眼见到了相反的情况。施乐是大规模生产时代的佼佼者。它积累了足够的生产资本来建立这个时代最具创新性的研究实验室之一——施乐帕克研究中心（Xerox PARC）。PARC 在 1970 年成立，其时刚刚进入导入期，那里富有远见的人早已预见了软件时代的未来，他们创造的许多关键发明促使了软件时代加速到来。这里面包括图形化用户界面、文字处理软件、现代面向对象编程和以太网技术。然而，施乐并没有将这些发明转化为资本，而是拱手将其让给了苹果和微软等诞生于软件时代的公司。

当我还在 PARC 担任研究员时，亲自经历了一个组织是如何走向衰落的。那些对软件时代如何发展有清晰愿景并因此坚持不懈的聪明人，却也最为沮丧。虽然 PARC 的研究人员和技术专家明白这个时代需要什么样的制胜法宝，但施乐的业务侧却止步于上个时代的管理模式，最终就像“Fumbling the Future”这个书名一样[5]。

我不再责怪那些商业领袖，因为我现在意识到他们真的是在尽最大的努力来应对混乱，只不过用了错误的管理系统。如果今天的组织无法从中吸取教训，那么这样的故事将一遍又一遍地重演，更多施乐那样的组织衰退。

我们肩负着企业责任和社会责任去扭转这种趋势。科技巨头已经掌握了新的生产方法，它们提供的消费者和商业服务有巨大的价值，试图延缓其进展的话，反而只会适得其反。但企业和经济财富如果进一步分散，会带来更大的问题。虽然佩雷斯的模型预测，下一次的崩盘将导致新的监管来解决这种不平衡[6]，但世界上绝大多数大型组织都无法活到那一天。我们现在必须转变组织的生产力，参与到佩雷斯的终极预言之中即后转折点黄金时代，那时，在更大的经济范围和整个社会范围实现技术红利的共享。

我相信，流框架是解决方案的关键，是推动企业进入黄金时代的有效的新方法。流框架连通工具网络来支持端到端的流动，创建具有端到端可追溯性的工件网络，并建立了能使项目转向产品的价值流网络。借助于流动指标提供的途径，可以对软件投资决策的业务结果影响加以跟踪和规划，使组织能够识别瓶颈并进行相应的投资。

本书可以帮助沿用项目制的老牌企业转变为能够在日新月异的市场中蓬勃发展的新式企业。流框架以及从项目转向产品，有望赋予组织新的管理基因，它具有可塑性，可以在软件时代发生变化并得到繁荣发展。

本书绝非详尽无遗。与任何新的概念一样，在落地时还要考虑具体的组织有哪些特定的实际情况。例如，流框架的业务结果需要根据具体的业务进行定制。流框架无助于构建优秀软件的策略和设计，因为它专注于实现任何数字化创新都需要的流动和反馈循环。此外，本书并不会为价值流架构师和其他负责创建与管理价值流网络的人员提供必要的技术细节。

流动指标本身也只是一个使价值流网络内部流动可见的起点，你可以实现更丰富的可视化，比如用实时和历史回放视图来帮助识别瓶颈以及可优化的领域。在使用这种可视化的过程中，我意识到，一个完全连通的价值流网络最有价值的是，创建了一个统一而清晰的软件交付数据模型。这是利用人工智能技术来将价值流网络模型作为训练集来分析和优化软件交付的关键一步。最后，网络建模将实现仿真，例如可以用来确定公司重组或收购对软件交付的影响。流框架提供模型和基础设施指南，使其成为可能。现在，请动身启程，在未来的技术和管理中占据领先地位吧。

任何消亡和混乱中都孕育着无数的机会。抓住机会的人，将得到回报。等到详细的工作手册和案例研究陆续发表之后，尚未摒弃上一代管理方法的恐怕已经来不及了。组织是会消亡变成化石以后留给世人审视并向世人揭示衰落的教训，还是在软件时代能够得到蓬勃的发展呢？

资源

流框架

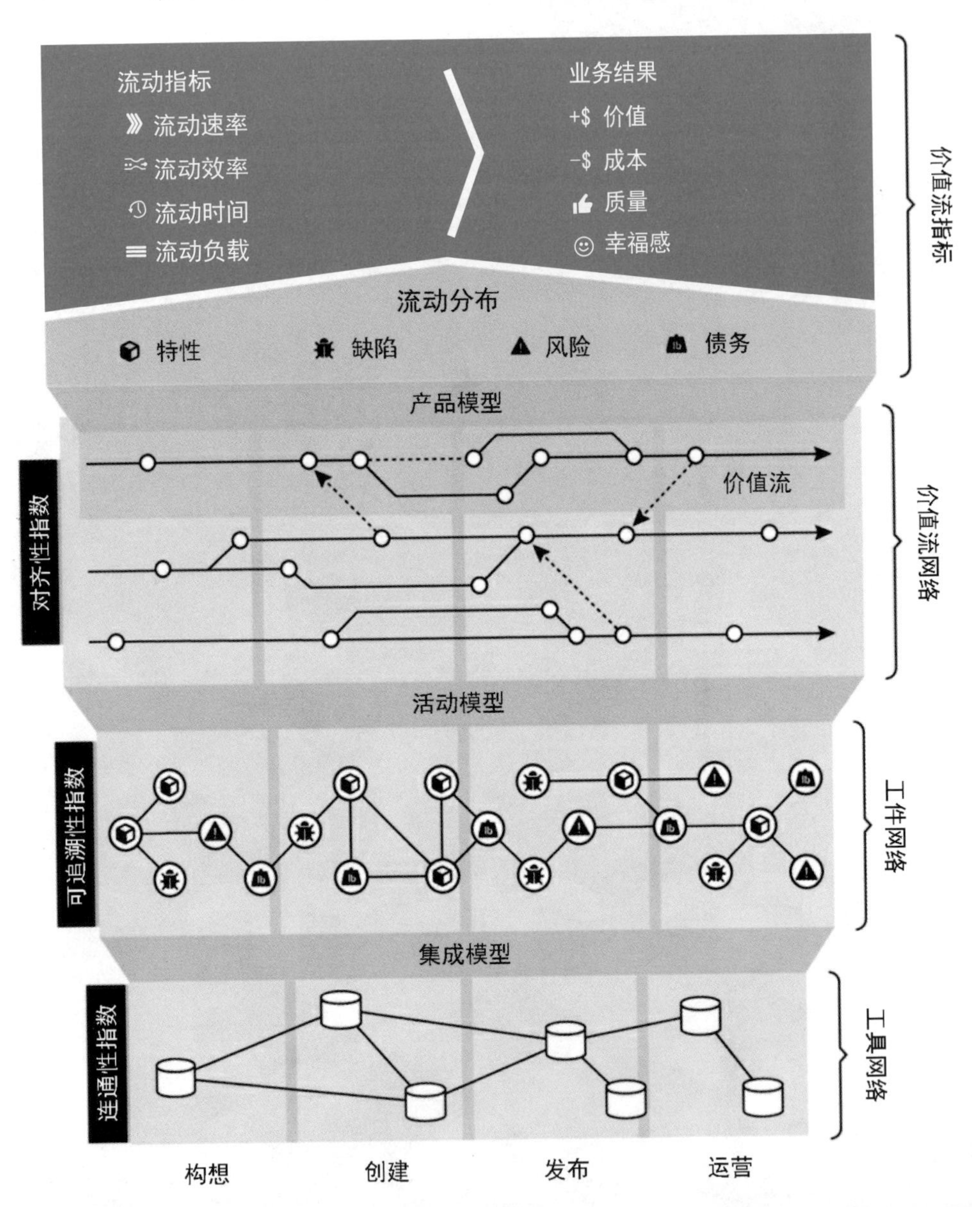

流动指标
流动速率
流动效率
流动时间
流动负载
业务结果
+$ 价值
-$ 成本
质量
幸福感
价值流指标
流动分布
特性
缺陷
风险
债务
产品模型
价值流
对齐性指数
价值流网络
活动模型
可追溯性指数
工件网络
集成模型
连通性指数
工具网络
构想
创建
发布
运营

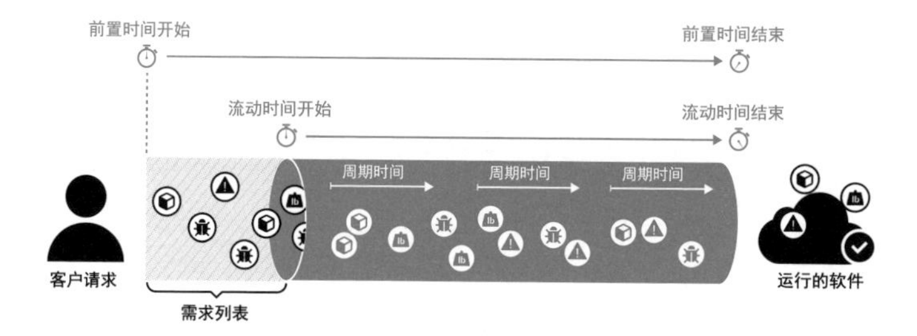

前置时间、流动时间、周期时间的比较

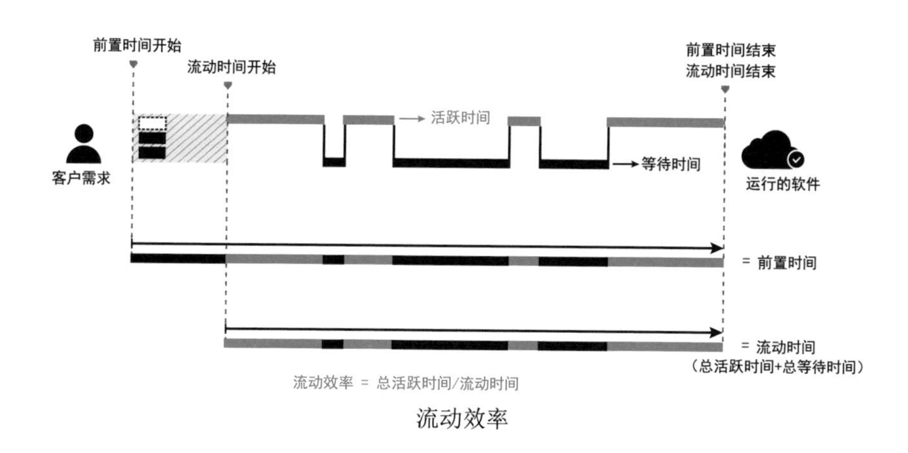

流动效率

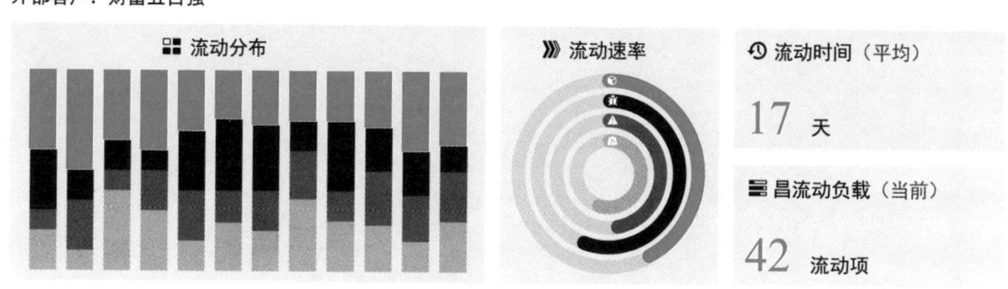

价值流仪表盘样例

术语表

活动模型（Activity Model）：标识价值流中执行的每个特定活动，并将它们映射到由集成模型定义的具体的工作流状态。此外，它将这些活动映射到四种流状态，来支持跨所有工件的一致的流度量方法。

大规模生产时代（Age of Mass Production）：发生于 1908 年至 1974 年期间的技术革命，其标志是商品的大规模生产、运输的机动化、石油、天然气、合成材料、高速公路、机场和航空业的进步。

软件时代（Age of Software）：开始于 1971 年的当下的技术革命，以微处理器、电信、互联网和软件的进步为标志。

敏捷（Agile）：敏捷软件开发是一组基于迭代开发的方法，其中需求和解决方案通过自组织、跨职能团队以及客户和最终用户的协作而演进。

对齐性指数（Alignment Index）：连接到产品价值流的工件容器与工具网络中所有工件容器的比率，决定着交付组织中与产品而非项目对齐的部分。

工件（Artifact）：由工具网络中的一个或多个工具定义的工作或交付单元。工件具有不同的类型，例如工作项、用户故事、测试或发布，这些类型是由工具中的工件模式来定义。这些类型可以实例化，例如，可以为一个特定的版本创建十个特定的用户故事。可以使用集成模型将工件映射到更抽象的流单元。

工件网络（Artifact Network）：跨越价值流网络的实例化工件的完整网络。网络通过工件关系连接，例如，一个需求可能与多个用户故事、变更集和版本相关。

商业模式颠覆（Business Model Distruption）：杰弗里•摩尔提出的三种颠覆中最深刻的一种，现有商业通常无法从中恢复。

连通性指数（Connectivity Index）：工具网络中工具仓库和工件容器已经集成与没有集成的比率。连接指数越低，流动指标的意义就越小，因为这些指标是基于端到端流的。例如，如果缺失客户请求系统到部署系统之间的连接，流动时间就无法度量。

成本中心（Cost Center）：组织内的一个部门或其他单元，其成本可以用于会计核算；例如人力资源部门。与利润中心不同，成本中心只对公司的盈利能力做出间接的贡献。

创造性破坏（Creative Destruction）：引用熊彼得提出的产业突变过程，通过新的创新和商业颠覆，取代已经建立起的商业，从而使经济发生革命性变化。

Cynefin 框架：提供一种决策环境的分类方法，分别为显然、繁杂、复杂和混乱。

展开期（Deployment Period）：在导入期和转折点之后的技术革命时期，掌握生产资料的公司在经济和新基础设施中所占的比例越来越大。

数字化颠覆（Digital Disruption）：以软件为中心的公司以数字化产品取代根深蒂固的商业模式，从而对现有业务产生负面影响的过程。例如，柯达这样的胶片摄影公司受到数码摄影（包括移动设备）的冲击。

极限编程（Extreme Programming）：敏捷软件开发的早期风格，提倡在短开发周期内频繁发布版本。

特性团队（Feature Team）：一个长期存在的、跨职能的团队，一个接一个地完成端到端的客户功能，是 LeSS 框架的核心组成。

DevOps 三步工作法的第一原则（First Way of Devops）：流动，如《DevOps 实践指南》中所述。

流动分布（Flow Distribution）：价值流中每个流动项类型的比例。这个比例根据每个产品价值流的需求进行跟踪和调整，以最大化通过该价值流交付的业务价值。

流动效率（Flow Efficiency）：在流动项上积极工作的时间占总消耗时间的比例。这可以用来识别低效的流动，例如特定流动项的等待时间过长。

流框架（Flow Framework）：一个用于管理软件交付的框架，其重点是通过与业务结果相关的面向产品的软件价值流来度量和优化业务价值流。

流动项（Flow Item）：干系人通过产品价值流获取的业务价值单位。四种流动项分别是特性、缺陷、风险和债务。

流动负载（Flow Load）：价值流中处于活跃或等待状态的流动项的数量。这类似于价值流中基于流动项的在制品（WIP）度量。流负载过高容易导致效率低下，导致流动速率降低或流动时间增加。

流动状态（Flow States）：流动项在价值流中的通用工作流状态。这四种流状态是新建、等待、活跃和完成。这些状态可以使用活动模型由某个工具所用的具体工作流状态映射而来，例如“完成”或“等待评审”。

流动时间（Flow Time）：从流动项进入价值流（流状态 = 活跃）到将其发布给客户（流状态 = 完成）所经过的时间。这相当于流动项进入价值流（即工作开始）到完成（即部署到客户或最终用户）的总时间。

流动速率（Flow Velocity）：在给定的时间段内完成（即流状态 = 完成）的流动项的数量。

孵化区（Incubation Zone）：杰弗里•摩尔的四个投资区之一，在这里，快速增长的产品和服务可以在产生大量收入之前孵化。

基础设施模式颠覆（Infrastructure Mode Distruption）：涉及客户如何访问给定产品或服务的变革。在杰弗里•摩尔的三种颠覆中，颠覆性最小，最容易适应现有业务。

导入期（Installation Period）：新技术革命的开始。以风险投资等大量的金融资本为标志，这些资本被用于利用已经形成了临界技术、公司和资本渠道的新技术系统，颠覆在以前的技术革命中建立的组织。

集成模型（Integration Model）：通过将相关的工件类型映射到公共工件模型，定义工件如何在某个工具和其他工具之间流动。这使得工件（往往跨越多个工具）能够通过状态同步或以其他方式集成，在价值流中流动。

康德拉季耶夫波（Kondratiev Waves）：由技术创新和创业精神导致的经济扩张、停滞和衰退的长周期。

精益（Lean）：一种基于精益制造的软件开发方法。

运营模式颠覆（Operating Model Disruption）：这种颠覆依赖于消费者与企业之间关系的变革。杰弗里•摩尔提出的三种颠覆类型中的一种，需要比基础设施模式颠覆更多的、从商业到问题解决的变革。

业绩区（Performance Zone）：专注于业务的顶线，包括收入的主要驱动因素；杰弗里•摩尔的四个投资区之一。

第一产业（Primary Sector）：涉及地球资源开采的经济产业；由佐尔坦•肯尼西定义的四个经济产业之一。

产品（Product）：向客户或用户交付价值的软件特性和功能的集合。产品可以通过多种机制交付，例如可下载软件、软件即服务（SaaS）。产品可对外，销售给客户；也可对内，如计费系统；或面向开发人员，如软件开发工具包。

产品模型（Product Model）：提供工具网络中存在的现有工件包含结构及与业务价值交付相一致的、面向产品的价值流之间的映射。可以度量和跟踪每个产品的所有活动、流动指标和业务结果。

产品价值流（Product Value Stream）：在向内部或外部客户交付特定软件产品时所涉及的，跨越所有工件和工具的所有活动。

产品导向的管理（Product Oriented Management）：专注于通过内部或外部客户消费的产品，持续交付业务价值的管理技术。

项目导向的管理（Project Oriented Management）：根据一系列里程碑、资源和预算标准，专注于项目交付的管理方法。

生产资本（Production Capital）：由生产产品和提供服务的公司控制的资本；与金融机构控制的资本形成对比。

生产力梯队（Productive Zone）：专注于创造底线；杰弗里・摩尔的四个投资区之一。

第四产业（Quaternary Sector）：涉及知识工作的经济产业；由佐尔坦・肯尼西定义的四个经济产业之一。

DevOps 三步工作法的第二原则（Second Way of Devops）：反馈，如《DevOps 实践指南》中所述。

第二产业（Secondary Sector）：涉及加工和制造业的经济产业；由佐尔坦・肯尼西定义的四个经济产业之一。

软件流（Software Flow）：沿着软件价值流产生业务价值所涉及的活动。

技术债务（Technical Debt）：需要在未来遭受的软件返工的成本，通常来自使用一个更简单的解决方案完成工作，而不是应用一个更好的方法，这可能导致更长的时间。

第三产业（Tertiary Sector）：涉及服务业的经济产业；由佐尔坦·肯尼西定义的四个经济产业之一。

DevOps 三步工作法的第三原则（Third Way of DevOps）：持续学习，如《DevOps 实践指南》中所述。

时间窃贼（Time Thieves）：多米尼卡·德格兰迪斯在《让工作可见》一书中概述的企业价值流中的五大浪费来源。

工具网络（Tool Network）：流框架的最底层，其中的节点是工具，它们之间的连接是跨工具集成的线。

工具链（Tool Chain）：一组相互连接的不同的软件开发工具，可以是线性链，也可以是工具网络。

可追溯性指数（Traceability Index）：与工件类型相关的工件连接广度和深度的度量。指数越高，工件之间的连接就越多，从而优化了报告和可见性。

转化区（Transformation Zone）：组织中的一块区域，孵化区的产品和举措可以在这里扩展到对组织有意义的规模；杰弗里·摩尔的四个投资区之一。

价值流（Value Stream）：为向客户交付产品或服务价值而执行的端到端活动的集合。在较大的组织中，价值流往往跨越多个团队、专家、流程和工具。

价值流指标（Value Stream Metrics）：度量组织内每个价值流的指标，以便让组织拥有一种将软件生产指标与业务结果相关联的方法。

价值流网络（Value Stream Network）：由软件价值流内部和之间的连接所形成的网络。此网络中的节点是人员团队和其他处理单元，它们通过工作、处理和创建与四种流动项之一直接或间接对应的工件来创造业务价值。每个节点对应于价值流中的特定活动，例如开发、设计或支持。边缘是人员、流程和工具之间的连接，流动项沿着这些连接前进，从业务目标或动机到正在运行的软件。网络可以表示为一个有向图，其中可以包含循环。价值流网络是三层网络的顶层，从工具网络和工件网络构建而成。

工作项（Work Item）：包含要在价值流中交付的工作单元的工件，例如，用户故事或任务。

梯次管理（Zone Management）：由杰弗里·摩尔创造的一个使业务转化、现代化和再造的框架。

参考资料

导言：转折点

1. Carlota Perez, *Technological Revolutions and Financial Capital: The Dynamics of Bubbles and Golden Ages* (Cheltenham, UK: Edward Elgar, 2003), 5.
2. Perez, *Technological Revolutions and Financial Capital*, 114.
3. Adapted from Perez, *Technological Revolutions and Financial Capital*, 78.
4. Scott D. Anthony, S. Patrick Vinguerie, Evan I. Schwartz, and John Van Landeghem, "2018 Corporate Longevity Forecast: Creative Destruction is Accelerating," Innosight website, accessed on June 22, 2018, https://www.innosight.com/insight/creative-destruction/.
5. Mik Kersten, "Mining the Ground Truth of Enterprise Toolchains," *IEEE Software* 35, no. 3 (2018): 12–17.
6. Gene Kim, Patrick Debois, John Willis, and Jez Humble, *The DevOps Handbook: How to Create World-Class Agility, Reliability, and Security in Technology Organizations* (Portland, OR: IT Revolution, 2016), 114.
7. "Digital Taylorism: A Modern Version of 'Scientific Management' Threatens to Dehumanise the Workplace," *The Economist*, September 10, 2015, https://www.economist.com/business/2015/09/10/digital-taylorism.

第 I 部分

1. Robert N. Charette, "This Car Runs on Code," *IEEE Spectrum*, February 1, 2009, https://spectrum.ieee.org/transportation/systems/this-car-runs-on-code.
2. Michael Sheetz, "Technology Killing Off Corporate America: Average Life Span of Companies Under 20 Years," *CNBC*, August 24, 2018, https://www.cnbc.com/2017/08/24/technology-killing-off -corporations-average-lifespan-of-company-under-20-years.html.

第1章

1. Matthew Garrahan, "Google and Facebook Dominance Forecast to Rise," *Financial Times*, December 3, 2017, https://www.ft.com/content/cf362186-d840-11e7-a039-c64b1c09b482.
2. Lauren Thomas, "Amazon Grabbed 4 Percent of all US Retail Sales in 2017, New Study Says," *CNBC*, January 3, 2018, https://www.cnbc.com/2018/01/03/amazon-grabbed-4-percent-of-all-us-retail-sales-in-2017-new-study.html.
3. Lily Hay Newman, "6 Fresh Horrors from the Equifax CEO's Congressional Hearing," *Wired*, October 3, 2017, https://www.wired.com/story/equifax-ceo-congress-testimony.
4. Andreas Bubenzer-Paim, "Why No Industry is Safe From Tech Disruption," *Forbes*, November 7, 2017, https://www.forbes.com/sites/forbestechcouncil/2017/11/07/why-no-industry-is-safe-from-tech-disruption/#5f8a995530d3.
5. Brian Solis and Aubrey Littleton, "The 2017 State of Digital Transformation," Altimeter, October 2017, https://marketing.prophet.com/acton/media/33865/altimeter—the-2017-state-of-digital-transformation.
6. Gene Kim, personal communication with Mik Kersten, 2017.
7. Alan Kay, as quoted in Erika Andersen, "Great Leaders Don't Predict the Future—They Invent It," *Forbes*, July 10, 2013, https://www.forbes.com/sites/erikaandersen/2013/07/10/great-leaders-dont-predict-the-future-they-invent-it/#275484926840.
8. Jeff Dunn, "Tesla is Valued as High as Ford and GM—But That has Nothing to do with What It's Done so Far," *Business Insider*, April 11, 2017, http://www.businessinsider.com/tesla-value-vs-ford-gm -chart-2017-4.
9. "The Future has Begun," BMW website, accessed June 22, 2018, https://www.bmwgroup.com/en/next100.html.
10. Edward Taylor and Ilona Wissenbach, "Exclusive—At 100, BMW Sees Radical New Future in World of Driverless Cars," *Reuters*, March 3, 2016, https://www.reuters.com/article/autoshow-geneva-software/exclusive-at-100-bmw-sees-radical-new-future-in-world-of-driverless-cars-idUSKCN0W60HP.
11. Zoltan Kenessey, "The Primary, Secondary, Tertiary and Quaternary Sectors of the Economy," *The Review of Income and Wealth: Journal of the International Association*, 1987, http://www.roiw.org/1987/359.pdf.
12. Cade Metz, "Google is 2 Billion Lines of Code—And it's All in One Place," *Wired*, September 16, 2015, https://www.wired.com/2015/09/google-2-billion-lines-codeand-one-place.
13. Charette, "This Car Runs on Code."
14. "Bosch Plans More than 20,000 Hires," Bosch press release, March 24, 2015, https://www.bosch-presse.de/pressportal/de/en/bosch-plans-more-than-20000-hires-98560.html.

15. Ashley Rodriguez, "Netflix Was Born Out of This Grad-School Math Problem," *Quartz*, February 28, 2017, https://qz.com/921205/netflix-ceo-reed-hastings-predicted-the-future-of-video-from-considering-this-grad-school-math-problem/.
16. Marc Andreessen, "Why Software is Eating the World," *Wall Street Journal*, August 20, 2011, https://www.wsj.com/articles/SB10001424053111903480904576512250915629460.
17. therealheisenberg, "'Greedy Bastards': Amazon, Whole Foods Deal 'Changes Everything,'" *Heisenberg Report*, June 16, 2017, https://heisenbergreport.com/2017/06/16/greedy-bastards-amazon-whole-foods-deal-changes-everything/.
18. Geoffrey Moore, *Zone to Win: Organizing to Compete in an Age of Disruption*, iBook edition (New York: Diversion Publishing, 2015), Chapter 2.
19. Moore, *Zone to Win*, Chapter 1.
20. "Catherine Bessant," Bank of America website, https://newsroom.bankofamerica.com/cathy-bessant.
21. Jean Baptise Su, "The Global Fintech Landscape Reaches Over 1000 Companies," *Forbes*, September 28, 2016, https://www.forbes.com/sites/jeanbaptiste/2016/09/28/the-global-fintech-landscape-reaches-over-1000-companies-105b-in-funding-867b-in-value-report/#de39e1f26f3d.
22. Joseph Schumpeter, *Capitalism, Socialism and Democracy*, Third Edition (New York: Harper Perennial Modern Classics, 2008), 81.
23. Perez, *Technological Revolutions and Financial Capital*, 37.
24. "Catch the Wave: The Long Cycles of Industrial Innovation are Becoming Shorter," *The Economist*, February 18, 1999, https://www.economist.com/node/186628.
25. Jerry Neumann, "The Deployment Age," *The Reaction Wheel: Jerry Neumann's Blog*, October 14 2015, http://reactionwheel.net/2015/10/the-deployment-age.html.
26. Perez, *Technological Revolutions and Financial Capital*, 11; Chris Freeman and Francisco Louçã, *As Time Goes By: From the Industrial Revolution to the Information Revolution* (Oxford: Oxford University Press, 2001).
27. Perez, *Technological Revolutions and Financial Capital*, 11.
28. Perez, *Technological Revolutions and Financial Capital*, 37.
29. Carlota Perez, personal communication/unpublished interview with Mik Kersten, April 18, 2018.
30. Adapted from Perez, *Technological Revolutions and Financial Capital*, 11; Freeman and Louçã, *As Time Goes By*.
31. "Jawbone is the Second Costliest VC-Backed Startup Death Ever," *CBInsights*, July 12, 2017, https://www.cbinsights.com/research/jawbone-second-costliest-startup-fail.
32. Steven Levy, "The Inside Story Behind Pebble's Demise," *Wired*, December 12, 2016, https://www.wired.com/2016/12/the-inside -story-behind-pebbles-demise.

33. Steve Toth, "66 Facebook Acquisitions—The Complete List (2018)," *TechWyse*, January 4, 2018, https://www.techwyse.com/blog/infographics/facebook-acquisitions-the-complete-list-infographic.
34. Mik Kersten and Gail C. Murphy, "Using Task Context to Improve Programmer Productivity," *Proceedings of the 14th ACM SIGSOFT International Symposium on Foundations of Software Engineering* (November 5–11, 2006): 1–11, https://www.tasktop.com/sites/default/files/2006-11-task-context-fse.pdf.
35. Kersten and Murphy, "Using Task Context to Improve Programmer Productivity," 1–11.
36. Brian Palmer, "How Did Detroit Become Motor City," *Slate*, February 29, 2012, http://www.slate.com/articles/news_and_politics/explainer/2012/02/why_are_all_the_big_american_car_companies_based_in_michigan_.html.

第2章

1. Bob Parker, "Modeling the Future Enterprise: People, Purpose and Profit," *Infor*, January 10, 2018, http://blogs.infor.com/insights/2018/01/modeling-the-future-enterprise-people-purpose-and-profit.html.
2. Bernard Marr, "What Everyone Must Know About Industry 4.0," *Forbes*, June 20, 2016, https://www.forbes.com/sites/bernardmarr/2016/06/20/what-everyone-must-know-about-industry-4-0/#37319d2a795f.
3. Horatiu Boeriu, "BMW Celebrates 1.5 Billion Cars Built at Leipzig Plant," *BMW BLOG*, October 26, 2014, http://www.bmwblog.com/2014/10/26/bmw-celebrates-1-5-million-cars-built-leipzig-plant/.
4. "The Nokia Test," *LeanAgileTraining.com*, December 2, 2007, https://www.leanagiletraining.com/better-agile/the-nokia-test.
5. James Surowiecki, "Where Nokia Went Wrong," *The New Yorker*, September 3, 2013, https://www.newyorker.com/business/currency/where-nokia-went-wrong.
6. Kent Beck with Cynthia Andres, *Extreme Programming Explained: Embrace Change*, Second Edition (Boston, MA: Addison-Wesley, November 16, 2004), 85.
7. Eliyahu M. Goldratt and Jeff Cox, *The Goal: A Process of Ongoing Improvement*, (New York: Routledge, 1984) Kindle location 2626 and 6575.
8. Kim, Debois, Willis, and Humble, *The DevOps Handbook*, 1.
9. Mik Kersten, "How to Guarantee Failure in Your Agile DevOps Transformation," Tasktop blog, June 24, 2016, https://www.tasktop.com/blog/how-to-guarantee-failure-in-your-agile-devops-transformation/.
10. Jason Del Rey, "This is the Jeff Bezos Playbook for Preventing Amazon's Demise," *Recode*, April 12, 2017, https://www.recode.net/2017/4/12/15274220/jeff-bezos-amazon-shareholders-letter-day-2-disagree-and-commit.
11. "World Class Supplier Quality," Boeing website, accessed July 27, 2018, http://787updates.newairplane.com/787-Suppliers/World-Class-Supplier-Quality.

12. "World Class Supplier Quality," Boeing website, accessed July 27, 2018, http://787updates.newairplane.com/787-Suppliers/World-Class-Supplier-Quality.
13. Gail Murphy, personal communication with Mik Kersten, 1997.
14. Mike Sinnett, "787 No-Bleed Wystems: Saving Fuel and Enhancing Operational Efficiencies," *AERO Magazine*, 2007, https://www.boeing.com/commercial/aeromagazine/articles/qtr_4_07/AERO_Q407.pdf.
15. Bill Rigby and Tim Hepher, "Brake Software Latest Threat to Boeing 787," *Reuters*, July 15, 2008, https://www.reuters.com/article/us-airshow-boeing-787/brake-software-latest-threat -to-boeing-787-idUSL155973002000.
16. Anonymous, personal communication with Mik Kersten, 2008.
17. Rigby and Hepher, "Brake Software Latest Threat."
18. Rigby and Hepher, "Brake Software Latest Threat."
19. Rigby and Hepher, "Brake Software Latest Threat."
20. Rigby and Hepher, "Brake Software Latest Threat."
21. Mary Poppendieck, "The Cost Center Trap," *The Lean Mindset* blog, November 5, 2017, http://www.leanessays.com/2017/11/the-cost-center-trap.html.
22. Jason Paur, "Boeing 747 Gets an Efficiency Makeover to Challenged A380," *Wired*, January 10, 2010, https://www.wired.com/2010/01/boeing-747-gets-an-efficient-makeover-to-challenge-a380.
23. Donald Reinertsen, *The Principles of Product Development Flow: Second Generation Lean Product Development* (Redondo Beach, CA: Celeritas, 2009), Kindle location 177.
24. Moore, *Zone to Win*, Chapter 2.
25. Moore, *Zone to Win*, Chapter 2.
26. Scott Span, "Happy People = Higher Profits: Lessons from Henry Ford in Business and Leadership," *Tolero Solutions*, accessed on May 24, 2018, http://www.tolerosolutions.com/happy-people-higher-profits-lessons-from-henry-ford-in-business-leadershi.
27. John Willis, "The Andon Cord," IT Revolution blog, October 15, 2015, https://itrevolution.com/kata/.
28. David J. Snowden and Mary E. Boone, "A Leader's Framework for Decision Making," *Harvard Business Review*, November 2007, https://hbr.org/2007/11/a-leaders-framework-for-decision-making.
29. Bruce W. Tuckman, "Developmental Sequence in Small Groups," *Psychological Bulletin* 63, no. 6 (1965): 384–399.
30. Marc Löffler, "Watermelon Reporting," *DZone*, August 8, 2011, https://dzone.com/articles/watermelon-reporting.

第3章

1. Scott Galloway, *The Four: The Hidden DNA of Amazon, Apple, Facebook, and Google* (New York, NY: Random House, 2017), 28.

2. James Womack and Daniel Jones, *Lean Thinking: Banish Waste and Create Wealth in Your Corporation*, Third Edition (New York: Free Press, 2003), 10.
3. Womack and Jones, *Lean Thinking*, 10.
4. Mike Rother and John Shook, *Learning to See: Value Stream Mapping to Add Value and Eliminate MUDA* (Cambridge, MA: Lean Enterprise Institute, 2003), 3.
5. Kersten, "Mining the Ground Truth of Enterprise Toolchains."
6. John Allspaw, "How Your Systems Keep Running Day after Day," Keynote Address at DevOps Enterprise Summit 2017, San Francisco, November 15, 2017.
7. Philippe Kruchten, Robert Nord, and Ipek Ozkaya, "Technical Debt: From Metaphor to Theory and Practice," *IEEE Software* 29, no. 6 (2012), 18–21.
8. Kaimar Karu, *ITIL and DevOps—Getting Started* (Axelos, 2007).
9. Dean Leffingwell, *SAFe 4.0 Distilled: Applying the Scaled Agile Framework for Lean Software and Systems Engineering* (Boston, MA: Addison-Wesley, 2017), 243.

第II部分

第4章

1. Perez, *Technological Revolutions and Financial Capital*, ix.
2. Steve Coley, "Enduring Ideas: The Three Horizons of Growth," *McKinsey Quarterly*, December 2009, https://www.mckinsey.com/business-functions-functions/strategy-and-corporate-finance/our-insights/enduring-ideas-the-three-horizons-of-growth.
3. Fred P. Brooks, Jr., *The Mythical Man-Month: Essays on Software Engineering* (Boston, MA: Addison-Wesley, 1995).
4. Margaret Rouse, "Agile Velocity," *TechTarget*, July 2013, https://whatis.techtarget.com/definition/Agile-velocity.
5. Leffingwell, *SAFe 4.0 Distilled*, 95.
6. Nicole Forsgren, PhD, Jez Humble, Gene Kim, *Accelerate: The Science of Lean Software and DevOps: Building and Scaling High Performing Technology Organizations* (Portland, OR: IT Revolution Press, 2018), 11
7. Tara Hamilton-Whitaker, "Agile Estimation and the Cone of Uncertainty," *Agile 101*, August 18, 2009, https://agile101.wordpress.com/tag/t-shirt-sizing/.
8. Margaret Rouse, "Law of Large Numbers," TechTarget, Decem- ber 2012, https://whatis.techtarget.com/definition/law-of-large-numbers.
9. Frederic Paul, "Gene Kim Explains 'Why DevOps Matters,'" *New Relic*, June 24, 2015, https://blog.newrelic.com/2015/06/24/gene-kim-why-devops-matters/.
10. Dominica DeGrandis, *Making Work Visible: Exposing Time Theft to Optimize Work and Flow* (Portland, OR: IT Revolution, 2017), 142.
11. Carmen DeArdo, "On the Evolution of Agile to DevOps," *CIO Review*, accessed on June 26, 2018, https://devops.cioreview.com/cxoinsight/on-the-evolution-of-agile-to-devops-nid-26383-cid-99.html.

12. DeGrandis, *Making Work Visible*, 8–15.
13. Reinertsen, *The Principles of Product Development Flow*, Kindle location 1192.
14. Reinertsen, *The Principles of Product Development Flow*, Kindle location 147.
15. Eliyahu M. Goldratt, "Standing on the Shoulders of Giants," as featured in *The Goal: A Process of Ongoing Improvement*, Kindle edition (Great Barrington, MA: North River Press, 1992), Kindle location 6293.
16. Reinertsen, *The Principles of Product Development Flow*, Kindle location 1030.
17. DeGrandis, *Making Work Visible*, 141–154.

第 5 章

1. Camilla Knudsen and Alister Doyle, "Norway Powers Ahead (Electrically): Over Half New Car Sales Now Electric or Hybrid," *Reuters*, January 3, 2018, https://www.reuters.com/article/us-environment-norway-autos/norway-powers-ahead-over-half-new-car-sales-now-electric-or-hybrid-idUSKBN1ES0WC.
2. "BMW Expands Leipzig Factory to 200 BMW i Models Daily", *Eletrive*, May 24, 2018, https://www.electrive.com/2018/05/24/bmw-expands-leipzig-factory-to-200-bmw-i-models-daily.
3. Bruce Baggaley, "Costing by Value Stream," *Journal of Cost Management* 18, no. 3 (May/June 2013), 24–30.
4. Reinertsen, *The Principles of Product Development Flow*, Kindle location 177.
5. Nicole Forsgren, Jez Humble, Gene Kim, Alanna Brown, and Nigel Kersten, *2017 State of DevOps Report* (Puppet, 2018), https://puppet.com/resources/whitepaper/state-of-devops-report.
6. Daniel Pink, Drive: *The Surprising Truth About What Motivates Us* (New York: Riverhead Books, 2011), 1–10.
7. Forsgren, Humble, Kim, *Accelerate*, 102.
8. Fred Reichheld, *The Ultimate Question 2.0 (Revised and Expanded Edition): How Net Promoter Companies Thrive in a Customer-Driven World* (Boston, MA: Harvard Business School Press, 2011), Kindle location 2182.

第 6 章

1. Charette, "This Car Runs on Code."
2. Charette, "This Car Runs on Code."
3. Neil Steinkamp, *Industry Insights for the Road Ahead: 2016 Automotive Warranty & Recall Report*, (Stout Rissus Ross, Inc, 2016), https://www.stoutadvisory.com/insights/report/2016-automotive-warranty-recall-report.
4. Steinkamp, *Industry Insights for the Road Ahead.*
5. History.com Staff "Automobile History," History Channel website, 2010, https://www.history.com/topics/automobiles.

6. John Hunter, "Deming's 14 Points for Management," *The W. Edwards Deming Institute Blog*, April 15, 2013, https://blog.deming.org/2013/04/demings-14-points-for-management.
7. "Computer Aided Engineering at BMW, Powered by High Performance Computing 2nd," Slideshare.net, posted by Fujitsu Global, November 19, 2015, slide 29, https://www.slideshare.net/FujitsuTS/computer-aided-engineering-at-bmw-powered-by-high-performance-computing-2nd.
8. Viktor Reklaitis, "How the Number of Data Breaches is Soaring—In One Chart," *MarketWatch*, May 25, 2018, https://www.marketwatch.com/story/how-the-number-of-data-breaches-is-soaring-in-one-chart-2018-02-26.
9. Joan Weiner, "Despite Cyberattacks at JPMorgan, Home Depot and Target, Many Millenials Aren't Worried About Being Hacked," *The Washington Post*, October 8, 2014, https://www.washingtonpost.com/blogs/she-the-people/wp/2014/10/08/despite-cyberattacks-at-jpmorgan-home-depot-and-target-many-millennials-arent-worried-about-being-hacked/?noredirect=on&utm_terms=.97579f2f101c.
10. Erica R. Hendry, "How the Equifax Hack Happened, According to its CEO," *PBS News Hour*, October 3, 2017, https://www.pbs.org/newshour/nation/equifax-hack-happened-according-ceo.
11. Lily Hay Newman, "6 Fresh Horrors from the Equifax CEO's Congressional Hearing," *Wall Street Journal*, October 3, 2017, https://www.wired.com/story/equifax-ceo-congress-testimony.
12. Lorenzo Franceshi-Bicchierai, "Equifax was Warned," *Motherboard*, October 26, 2018, https://motherboard.vice.com/en_us/article/ne3bv7/equifax-breach-social-security-numbers-researcher-warning.
13. Tom Kranzit, "Nokia Completes Symbian," *CNET*, December 2, 2008, https://www.cnet.com/news/nokia-completes-symbian-acquisition.
14. Ward Cunningham, "The WyCash Portfolio Management System," *OOPSLA 1992*, March 26, 1992, http://c2.com/doc/oopsla92.html.
15. Steve O'Hear, "Nokia buys Symbian, Opens Fire on Android, Windows Mobile and iPhone," *Last100*, June 24, 2008, http://www.last100.com/2008/06/24/nokia-buys-symbian-opens-fire-on-google-android-and-iphone/.
16. Shira Ovide, "Deal is Easy Part for Microsoft and Nokia," *Wall Street Journal*, September 3, 2018, https://www.wsj.com/articlesmicrosoft-buys-nokia-mobile-business-in-7-billion-deal-1378188311.
17. "Microsoft to Acquire Nokia's Devices and Services Business, License Nokia's Patents and Mapping Services," Microsoft website, September 3, 2013, https://news.microsoft.com/2013/09/03/microsoft-to-acquire-nokias-devices-services-business-license-nokias-patents-and-mapping-services/.
18. Chris Ziegler, "Nokia CEO Stephan Elop Rallies Troops in Brutally Honest 'Burning Platform' Memo (Update: It's Real!)," *Engadget*, August 2, 2011,

https://www.engadget.com/2011/02/08/nokia-ceo-stephe-elop-rallies-troops-in-brutally-honest-burnin.

19. Philip Michaels, "Jobs: OS 9 is Dead, Long Live OS X," *Macworld*, May 1, 2002, https://www.macworld.com/article/1001445/06wwdc.html.
20. "The Internet Tidal Wave," *Letters of Note*, July 22, 2011, http://www.lettersofnote.com/2011/07/internet-tidal-wave.html.
21. Bill Gates, "Memo from Bill Gates," *Microsoft*, January 11, 2012, https://news.microsoft.com/2012/01/11/memo-from-bill-gates.
22. "Microsoft Promises End to 'DLL Hell,'" *CNet*, March 7, 2003, https://www.cnet.com/news/microsoft-promises-end-to-dll-hell/.
23. David Bank, "Borland Charges Microsoft Stole Away Its Employees," *The Wall Street Journal*, May 8, 1997, https://www.wsj.com/articles/SB863034062733665000.
24. Rene Te-Strote, personal communication/unpublished interview with Mik Kersten, April 20, 2017.
25. Stephen O'Grady, *The New Kingmakers: How Developers Conquered the World* (Sebastopol, CA: O'Reilly Media, 2013), 5.

第III部分

1. "Agile at Microsoft," YouTube video, 41:04, posted by Microsoft Visual Studio, October 2, 2017, https://www.youtube.com/watch?v =-LvCJpnNljU.
3. Forsgren, Humble, and Kim, *Accelerate*, 66.

第7章

1. History.com staff, "Automobile History."
2. Alex Davies, "Telsa Ramps up Model 3 Production and Predicts Profits this Fall," *Wired*, May 2, 2018, https://www.wired.com/story/tesla-model-3-production-profitability.
3. Womack and Jones, *Lean Thinking*, Chapter 11.
4. Mik Kersten and Gail C. Murphy, "Mylar: A Degree-of-Interest Model for IDEs," *Proceedings of the 4th International Conference on Aspect-Oriented Software Development* (March 14–18, 2005): 159–168.
5. Mik Kersten, "Lessons Learned from 10 Years of Application Lifecyle Management," *InfoQ*, December 24, 2015, https://www.infoq.com/articles/lessons-application-lifecycle.

第8章

1. Mik Kersten, "Mik Kersten Keynote on the Future of ALM: Developing in the Social Code Graph (EclipseCon 2012)," YouTube video, 47:55, posted by Tasktop, April 10, 2012, https://www.youtube.com/watch?v=WBwyAyvneNo.

2. Nicole Forsgren, PhD, and Mik Kersten, PhD, "DevOps Metrics: Your Biggest Mistake Might be Collecting the Wrong Data," *ACM Queue* 15, no. 6 (2017), https://queue.acm.org/detail.cfm?id=3182626.
3. Kersten, "Mining the Ground Truth of Enterprise Toolchains," 12–17.
4. Perez, *Technological Revolutions and Financial Capital*, 114.
5. Danny Palmer, "What is GDPR? Everything You Need to Know About the New General Data Protection Regulations," *ZDNet*, May 23, 2018, https://www.zdnet.com/article/gdpr-an-executive-guide-to-what-you-need-to-know.
6. Rachel Potvin and Josh Levenber, "Why Google Stores Billions of Lines of Code in a Single Repository," *Communications of the ACM* 59, no. 7 (2016): 78–87, https://cacm.acm.org/magazines/2016/7/204032-why-google-stores-billions-of-lines-of-code-in-a-single-repository/fulltext.
7. Internal Tasktop Report, unpublished, 2018.
8. "Life Expectancy," *Wikipedia*, last modified June 20, 2018, https://en.wikipedia.org/wiki/Life_expectancy.
9. "Careers in Medicine," Association of American Medical Colleges website, accessed August 23, 2018, http://www.aamc.org/cim/speciality/exploreoptions/list/.
10. General Stanley McChrystal, *Team of Teams: New Rules of Engagement for a Complex World* (New York: Portfolio, 2015), iBook Chapter 6.
11. "Study Suggests Medical Errors Now Third Leading Cause of Death in the U.S.," *Johns Hopkins Medicine*, May 3, 2016, https://www.hopkinsmedicine.org/news/media/releases/study_suggests_medical_errors_now_third_leading_cause_of_death_in_the_us.
12. "Supplier Management," BMW Group website, accessed July 1, 2018, https://www.bmwgroup.com/en/responsibility/supply-chain-management.html.

第 9 章

1. Reinertsen, *The Principles of Product Development Flow*, Kindle location 391.
2. Gary Gruver and Tommy Mouser, *Leading the Transformation: Applying Agile and DevOps Principles at Scale* (Portland, OR: IT Revolution, 2015), 20–25.
3. Goldratt and Cox, *The Goal*, Kindle location 2626 and 6575.
4. "Metcalfe's Law," *Wikipedia*, last updated June 15, 2018, https://en.wikipedia.org/wiki/Metcalfe%27s_law.
5. Christopher Condo and Diego LoGiudice, *Elevate Agile-Plus-DevOps with Value Stream Management*, Forrester Research, Inc., May 11, 2018.
6. Anonymous, personal communication with Mik Kersten, 2017.
7. Carliss Baldwin, Kim B. Clark, Carliss Y. Baldwin, *The Option Value of Modularity in Design* (Boston, MA: Harvard Business School, 2002).
8. DeGrandis, *Making Work Visible*, 1.
9. Reinertsen, *The Principles of Product Development Flow*, Kindle location 132.

10. DeGrandis, *Making Work Visible*, 17.
11. DeGrandis, *Making Work Visible*, 25.
12. DeGrandis, *Making Work Visible*, 39.
13. Fred Lambery, "BMW to Increase "BMW i' Electric Vehicle Production by 54%," *electrek*, May 25, 2018, http://electrek.co/2018/05/25/bmw-i-electric-vehicle-production/.

结语

1. Sarah Ponczek and Rick Clough, "GE Kicked Out of Dow, the Last 19th Century Member Removed," *Bloomberg*, June 19, 2018, updated on June 20, 2018, https://www.bloomberg.com/news/articles/2018-06-19/ge-gets-kicked-out-of-dow-the-last-19th-century-member-removed.
2. Mark J. Perry, "Fortune 500 Firms 1955 v. 2017: Only 60 Remain, Thanks to the Creative Destruction That Fuels Economic Prosperity," *AEIdeas*, October 20, 2017, http://www.aei.org/publication/fortune-500-firms-1955-v-2017-only-12-remain-thanks-to-the-creative-destruction-that-fuels-economic-prosperity/.
3. Scott D. Anthony, S. Patrick Viguerie, Evan I Schwartz, and John Van Dandeghem, *2018 Corporate Longevity Forecast: Creative Destruction is Accelerating*, accessed August 15, 2018, https://www.innosight.com/insight/creative-destruction/
4. Carlota Perez, personal communication with Mik Kersten, June 27, 2018.
5. Douglas K. Smith and Robert C. Alexander, *Fumbling the Future: How Xerox Invented, Then Ignored, the First Personal Computer* (Bloomington, IN: iUniverse, Inc., 1999).
6. Perez, *Technological Revolutions and Financial Capital*, 114.

致谢

本书基于几位专家的著作，他们帮助我形成了对技术和管理的理解，他们是史蒂夫•布兰克、弗雷德•布鲁克斯、克莱顿•克里斯坦森、彼得•德鲁克、杰弗里•摩尔、卡洛塔•佩雷斯和唐纳德•雷纳特森。帮助我形成这些想法的人员如下，他们直接为本书的构思、创作和发布做出了贡献。

首先，有两个人促成了这本书的诞生。尼兰•乔克斯看到了这个行业以一种全新的方式来思考软件的机会，并一直鼓励我就此写一本书。我不停地推托，但他并没有放弃。尼兰和西蒙•鲍迪莫一起，为我在运营一家公司的同时进行写作提供了必要的支持。不过，如果我能准确预测这本书的写作情况，我可能会更努力地延期。

让这本书成为可能的第二个人是吉恩•金。我永远不会忘记，2016 年秋天的一次会议上，我走近吉恩，跟他说我想写一本关于集成模式的书。他不仅听完了我所说的话，还意识到这些想法与一个更大而且非常重要的变化有关。在接下来的几个月，他成了我的顾问和智力竞赛伙伴。吉恩鼓励我写一本比我预期更有抱负的书，超越技术专家的范畴，进入商业领域。在我们的定期头脑风暴会议（感觉更像是头脑飓风）中，这本书中的许多关键想法得以敲定。除了向我介绍卡洛塔•佩雷斯的作品，吉恩还向我介绍了 DevOps 社区的许多思想领袖。scenius（“场域天才”的意思，由 Scene 与 genins 合成）这个词是由音乐家布莱恩•伊诺创造的，描述的是相互欣赏、积极进取的各个个体所组成的社区共创的伟大作品。我要感谢吉恩，他创造的 scenius 使得这本书成为可能。《价值流动》建立在 scenius 的其他产品之上，包括多米尼卡·德格兰迪斯的《将工作可视化》和妮可·福斯格伦等人的《加速》，吉恩·金等人的《DevOps 实践指南》和《凤凰项目》，还有马克·施瓦茨的《商业价值的艺术》和《在谈判桌上的一席之地》。

本书的工作和成果来自 Tasktop 十年来的产品开发，我要感谢我的许多同事。妮可·布莱恩和罗伯特·埃尔维斯一直负责打造和重塑流框架的愿景，通过客户讨论、产品开发和实验不断进行迭代。在 Tasktop 的早期，妮可带着我完成了从项目思维到产品思维的转变，她继续指导我和我们的交付实践与产品。自从我们攻读研究生学位以来，罗伯特·埃尔维斯就一直在和我一起追求"流动"和"生产力"，在想法和代码方面都如此。早期，只有我和罗伯特在编写开源 Eclipse Mylyn 项目的代码，看到他的想法取得如此大的进展，我感到很惊讶。流框架只是概念化的冰山一角，妮可和罗伯特在过去十年中，大部分时间一直都在创建并向企业客户证明这一点。

我还要感谢 Tasktop 的其他工作人员，他们的想法和反馈对这本书很有帮助，包括多米尼卡·德格兰迪斯、娜奥米·卢里、艾德里安·万斯和韦斯利·科埃略。帕特里克·安德森在研究和引文方面提供了巨大的帮助。王震创作了这些图形并帮助我们找到了简化概念的方法，我们把它们变成了视觉形式。

本书谈到了顿悟，那些美妙的"啊哈"时刻，在我们脑海中流动的想法突然变成一种一致且引人注目的形式。对我来说，这些时刻来自无数次与导师和其他影响者的对话，他们改变了我的观点。到目前为止，让我改变观点最多的人是盖尔·墨菲，她对这本书做出了相当大的贡献。盖尔在我本科期间教我软件工程时，就激发了我的灵感，在深入研究技术问题之前，我们需要围绕技术如何解决世界问题来构建工作框架。盖尔与我和罗伯特一起创立了 Tasktop，她不断地挑战我，帮助我思考。最重要的是，她在英属哥伦比亚大学软件实践实验室创建的 scenius，使我和其他许多博士生能够进行一种新的研究，专注于从软件工具网络实验数据的基础事实中进行学习。

盖尔把我介绍给了格雷戈・基查尔斯，他把我招进了施乐帕克研究中心，他们两个人重塑了我对软件构建的看法。在概念层面上，流框架是格雷戈关于横切模块化思想在软件价值流中的应用。接着，格雷戈把我介绍给了卡莉斯・鲍德温，他在哈佛商学院的工作使我能够在经济背景下阐述这些观点。本书也深受艾德里安・万斯以及查尔斯・西蒙尼关于软件模块化思想的影响；他们都追求比当前更大更好的模块化方法，与他们一起工作的过程中，我学到了很多。

我也很感谢卡洛塔・佩雷斯的工作和反馈，他提供了一种技术进步模型，我希望未来有更多的技术专家能将他们的工作纳入其中。

我写这本书的大部分灵感来自于我与 IT 领导者和从业者的许多对话，他们都在寻求更好的方法。其中，我和全国保险公司的卡门・狄尔多的谈话尤其让人印象深刻。在贝尔实验室期间，卡门对软件交付有自己的看法。每次我见到他，他都会教给我更多他对价值流和流动持有的观点。创建一个能够阻止组织对价值流进行局部优化的框架，整个挑战都受到了卡门的启发。

与卡门在企业级 IT 上对我的教导类似，戴夫・韦斯特（Dave West）一直是我在敏捷领域的导师。针对寻求更好的方法来进行敏捷产品开发，戴夫的想法帮助我形成了自己的理解，在我们的讨论中一直如此。戴夫对这本书早期的初稿提供了宝贵的反馈意见，并帮助我进一步挑战和完善关键的想法。

最近，乔纳森·斯马特提出的一些想法和实践，加深了我对精益实践如何规模化的理解。乔纳森的反馈以及他在巴克莱银行避免大爆炸式转型且支撑“更快、更安全、更快乐”的方法，成为流框架某些方面的输入。

罗斯·克兰顿和比约恩-弗里曼·本森为项目和产品等式的两端提供了有益的指导。此外，山姆·古肯海默是这个领域最优秀的批判性思考者之一，他不断地向我提出关键的想法，他的意见帮助我完善了从项目到产品的整个框架。

特别感谢雷内·特-斯特罗特让我看到了上一个生产时代的巅峰。如果这些年来没有与他的讨论，我想我认识不到差距的严重性。

我也非常感谢弗兰克·谢弗对生产制造的热情和专业精神，他带我们参观了宝马莱比锡工厂，并连续两天为我解答了数百个问题。

在将流的思想与业务联系起来方面，拉尔夫·沃尔瑟姆一直是个很好的合作伙伴，肩负着让软件交付达到我们所知的先进制造业卓越水平的使命。这本书英文版的名字来自拉尔夫，在一次讨论中，我们试图更好地理解这种根本上的不匹配。

如果没有安娜·诺克惊人的创意、编辑和指导，这本书不会是现在的样子。安娜指导我、推动我并帮助我完成了这本书，从我们在波特兰面对面完成第一个想法到最后的编辑。非常感谢参与这本书工作的 IT Revolution 的其他工作人员。特别感谢德文·史密斯，感谢他出色的封面和内文设计，也特别感谢编辑凯特·塞吉、卡伦·布尔顿、莉娅·布朗和詹·韦弗-奈斯特。

最后，我要感谢我的家人，在他们的支持下，我完成了这本书。感谢我的妻子艾丽西亚·科斯腾，不仅因为这本书的写作，还有二十年来漫长的工作为我提供本书所有经验和研究的基础。没有她的帮助、支持和不断的鼓励，这本书是不可能完成的。还要感谢我的孩子图拉·科斯腾和凯亚·科斯腾，他们帮我想出了很多封面创意。最后，我要感谢我的父母格里塔和格雷戈里，还有我的兄弟姐妹玛尔塔和马克，我很感激他们的红酒大讨论，他们挑战我去深入洞察每个想法背后的根基。

关于作者

米克·科斯腾（Mik Kersten）在施乐帕克研究中心开始了自己的研究员职业生涯。在那里，他构建了第一个面向切面编程的开发环境。随后，他在英属哥伦比亚大学攻读计算机科学博士期间，率先将开发工具与敏捷和 DevOps 集成在一起。在这项研究的基础上，米克创建了 Tasktop，至今已经编写了超过 100 万行开源代码，这些代码至今仍在使用中，并且他已经将 7 个成功的开源和商业产品推向市场。

米克在全球最大的几个企业数字化转型过程中获得了丰富的经验，认识到业务领导和技术人员之间存在着严重的脱节。从那以后，米克一直致力于构建新的工具和框架来打通软件价值流网络，支撑从项目到产品的转型。

米克和家人住在加拿大温哥华，他经常在全球各地分享自己对软件构建方式变革的愿景。

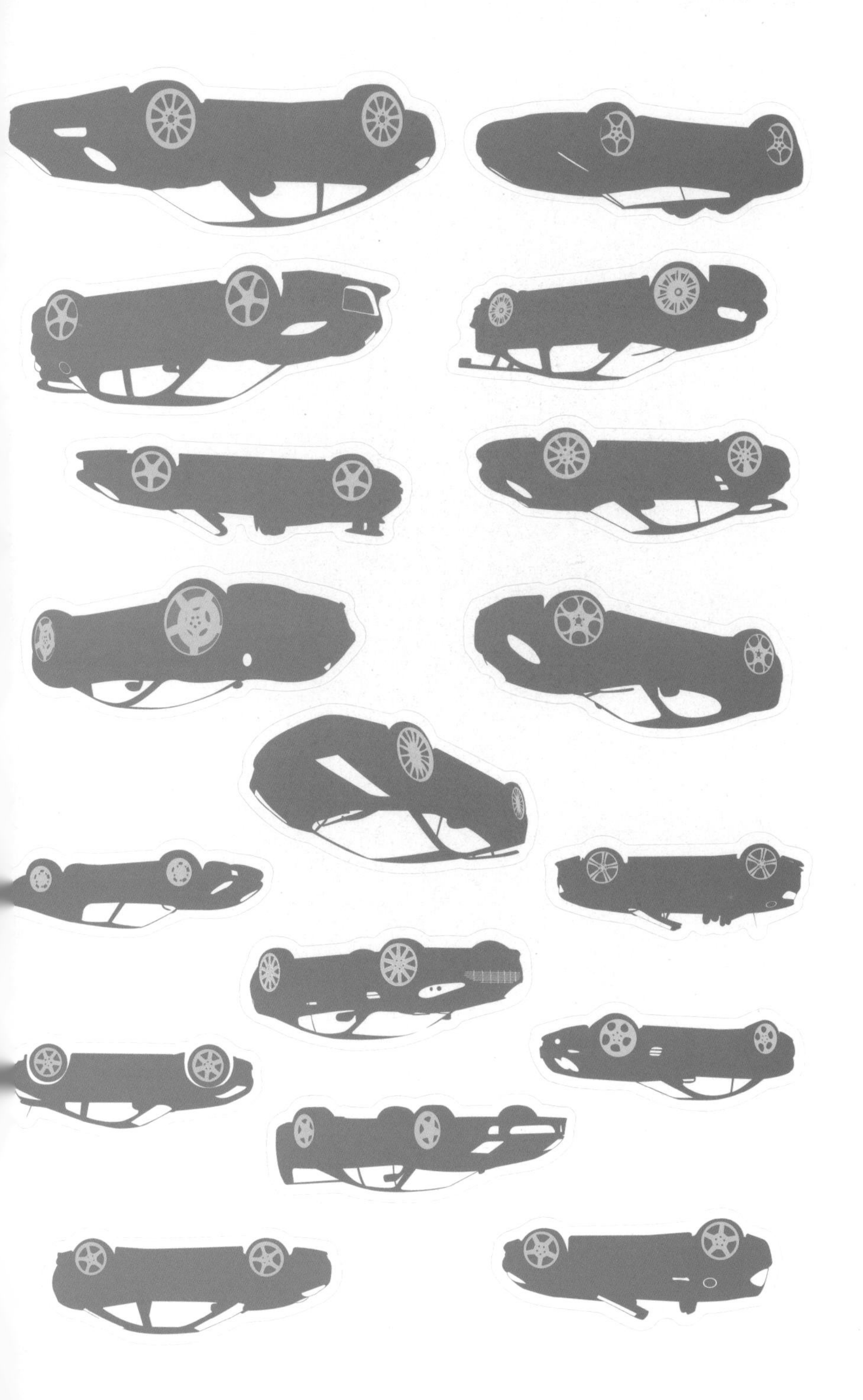